BALLISTIK

Die mechanischen und thermischen Grundlagen der Lehre vom Schuß

Von

Prof. Dr. Hans Lorenz

Vierte unveränderte Auflage

mit 62 Textabbildungen

München und Berlin 1942
Verlag von R. Oldenbourg

Manuldruck von F. Ullmann G. m. b. H., Zwickau Sa.

Printed in Germany.

Vorwort zur dritten Auflage.

Die jetzt in dritter Auflage vorliegende kleine Einführung in die Ballistik ist aus Vorträgen entstanden, die ich während des Krieges vor Ingenieuren und Offizieren in verschiedenen Städten des Reiches sowie hinter der Front gehalten habe. Ursprünglich nur auf die mechanischen Vorgänge beschränkt, wurde sie in der zweiten, kurz nach der ersten im Jahre 1917 erschienenen Auflage durch einen Abschnitt über die wichtigsten Treibmittel und Sprengstoffe, die Berechnung des Verbrennungsvorgangs und die sog. Pulverdruckkurve erweitert. Da sich an diesen physikalischen Grundlagen der Lehre vom Schuß seither nichts geändert hat, so konnte ich mich für diese dritte Auflage mit einigen kurzen Zusätzen über die Berechnung der Beiwerte meiner Luftwiderstandsformel, die bewährte graphische Näherungskonstruktion der Flugbahn nach Brauer und eine kurze Darlegung des Schallmeßverfahrens begnügen.

Zum Verständnis der in diesem Buche vorkommenden Berechnungen darf ich wohl auf meine im gleichen Verlage in zweiter Auflage erschienene »Einführung in die Elemente der höheren Mathematik und Mechanik« verweisen und der Hoffnung Ausdruck geben, daß auch die neue Auflage als kürzeste wissenschaftliche Darstellung des Gesamtgebietes der Ballistik dieselbe freundliche Aufnahme in den Kreisen der Offiziere und Ingenieure finden möge, wie die beiden früheren.

München, im Oktober 1935.

Dr. H. Lorenz.

Inhaltsverzeichnis.

Ballistik.

Die mechanischen Grundlagen der Lehre vom Schuß.

Vorbemerkung: Die Ballistik beschäftigt sich mit der Bewegung der Geschosse. Diese selbst zerfällt in drei Abschnitte: Das Fortschleudern des ursprünglich ruhenden Geschosses, bis die Höchstgeschwindigkeit erreicht ist, die Bewegung durch die Luft bis zum Ziel und schließlich die Wirkung am Ziel mit dem Übergang in den Ruhezustand.

Da die Geschosse in der Luft im allgemeinen große Entfernungen zurückzulegen haben, so müssen ihnen auch entsprechend große Anfangsgeschwindigkeiten erteilt werden, die sich zwischen 500 und 1000 m/sk bewegen, also schon weit über der Schallgeschwindigkeit liegen. Die Beschleunigung der Geschoßmasse vom Ruhezustand auf diese Anfangsgeschwindigkeit erfolgt, wenn wir von einigen Ausnahmen (Fliegerbomben und pfeile, Handgranaten u. dgl.) absehen, stets im Innern von Rohren vermittelst eines Treibmittels, des Pulvers. Darum bezeichnet man wohl auch die Lehre vom Fortschleudern der Geschosse als innere Ballistik im Gegensatz zu der äußeren Ballistik, die sich mit der Bewegung durch die Luft und der Wirkung am Ziel beschäftigt. Zwischen beiden steht die Wirkung des Schusses auf die Schießgeräte, die, um hierdurch nicht zerstört zu werden gewisse Bewegungen vollziehen und außerdem eine hohe Festigkeit besitzen müssen.

I. Innere Ballistik.

§ 1.

Der Schußvorgang im Rohr.

Damit die zum Fortschleudern der Geschosse benutzten Rohre selbst möglichst rasch nach ihrer Verwendungsstelle gebracht und von dorther wieder entfernt werden können, sind sie in ihrer Baulänge und ihrem Gewicht Beschränkungen unterworfen, und zwar gilt dies nicht nur für die Handpistole und das Infanteriegewehr, sondern ebensogut auch für die Feldkanonen, die Haubitzen und schließlich die Schiffsgeschütze, deren Abmessungen und Gewichte dem sie tragenden Schiffe angepaßt werden müssen. Um die Verhältnisse beurteilen zu können, wollen wir sogleich praktische Fälle ins Auge fassen, nämlich das Infanteriegewehr und die Feldkanone.

	Infanteriegewehr	Feldkanone
mit einer Seelenlänge	$s_0 = 0{,}8$ m	2 m im Rohr,
mit einem Geschoßgewicht	$G_0 = 10$ g $= 0{,}01$ kg	6,5 kg,
mit einer Mündungsgeschwindigkeit	$v_0 = 900$ m/sk	600 m/sk,
daraus folgt die Wucht (kinetische Energie)	$\frac{m}{2} v_0^2 = 413$ mkg	119300 mkg
und die mittlere Triebkraft	$P_m = \frac{413}{0{,}8} = 516$ kg	$\frac{119300}{2} = 59700$ kg
und bei einem Kaliber von	0,79 cm	7,5 cm,
also einem Querschnitt von	0,49 qcm	44,2 qcm,
ein Mitteldruck von	$p_m = \frac{516}{0{,}49} = 1053$ kg/qcm	$\frac{59700}{44{,}2} = 1350$ kg/qcm.

Die mittlere Laufzeit ist

$$t_m = 2\frac{s_0}{v_0} = 2\frac{0{,}8}{900} = \frac{2}{1125}\text{ sk} \qquad \frac{4}{600} = \frac{1}{150}\text{ sk}$$

daher mittlere Leistung

$$N = \frac{m v^2}{2 t_m 75} = 3100\text{ PS} \qquad 238600\text{ PS.}$$

Die hierbei auftretenden hohen Pressungen lassen sich offenbar nicht mit den üblichen technischen Treibmitteln, wie Dampf, Druckluft, Gasgemischen, Druckwasser oder elektrischer Energie, ohne Zuhilfenahme umständlicher und deshalb für diesen Zweck praktisch unbrauchbarer Erzeugungsanlagen erzielen. Man ist darum auf sog. Explosivstoffe angewiesen, die in fester Form hinter das Geschoß in das danach einseitig verschlossene Rohr eingeführt und durch eine Zündung zur Zersetzung und Verbrennung gebracht werden. Dabei gehen sie mit einer rascher als die Temperatur ansteigenden Umwandlungsgeschwindigkeit in Gasform über und nehmen, in den engen Laderaum zwischen Geschoß und Rohrverschluß eingepreßt, fast augenblicklich Drücke an, welche die oben ermittelten Mittelwerte noch weit übertreffen. Der Höchstwert des Druckes und der Temperatur würde offenbar dann erreicht werden, wenn die Rohrwand undurchlässig für die entwickelte Wärme wäre und das Geschoß bis zur vollständigen Umwandlung des Pulvers an seinem Platze verharrte. In diesem Falle hätten wir eine Zustandsänderung bei kon-

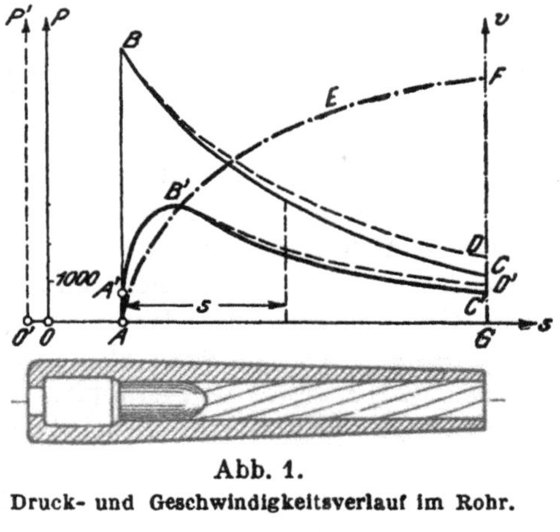

Abb. 1.
Druck- und Geschwindigkeitsverlauf im Rohr.

stantem Volumen *A B* vor uns, an die sich dann nach Abb. 1 hinter dem ausweichenden Geschoß eine Druckabnahme *BC* anschließen würde. Bei nur geringer (streng genommen, unendlich kleiner) Geschoßgeschwindigkeit innerhalb eines wärmedichten Rohres würde die Drucklinie *BC* mit der bekannten Adiabate und der Gesamtdruckverlauf mit dem idealen Indikatordiagramm einer Gasmaschine übereinstimmen, dessen Flächeninhalt ein Maß für die auf das Geschoß übertragene Arbeit darstellt.

In Wirklichkeit erleidet dieser Druckverlauf mannigfache Änderungen. Allerdings verharrt das Geschoß während des Beginns des Umwandlungsvorgangs eine kurze Zeit in Ruhe, bis nämlich der Mantel oder die Führungsringe in die noch zu besprechenden Züge des Rohres eingepreßt sind und der dabei auftretende Widerstand überwunden ist. Dies tritt aber schon bei einem verhältnismäßig niedrigen, in Abb. 1 durch *A'* angedeuteten Druck ein, worauf die Geschoßbewegung einsetzt, der natürlich auch die entwickelten Pulvergase folgen. Die Drucklinie verläßt daher schon bei *A'* die Senkrechte *AB* des konstanten Volumens und erreicht erst viel später bei *B'* ihren Höchstwert (2500 bis 3500 kg/qcm mit einer Temperatur von 2000 bis 3000° C), ohne daß dabei die Umwandlung vollendet zu sein braucht. Die Erfahrung hat im Gegenteil gezeigt, daß dieser Vorgang sich auch noch während der Druckabnahme fortsetzt, ja daß hinter dem Geschoß häufig Teile der festen Ladung das Rohr verlassen. Infolgedessen wird deren gesamte Umwandlungswärme (auch Wärmetönung genannt) nicht voll ausgenutzt und darum weder der Druck noch auch die Temperatur des Idealprozesses erreicht. Eine weitere Druck- und Temperaturminderung bedingen die Wärmeverluste durch die Rohrwandungen und der Umstand, daß mit dem Geschoß auch das Treibmittel beschleunigt wird, dessen kinetische Energie dann ebenfalls auf Kosten des durch Druck und Temperatur bestimmten (potentiellen) Energieinhaltes steigt. Mit einem Drucke von mehreren hundert Atmosphären beim Austritt entführen die Pulvergase immerhin einen nicht unerheblichen Teil ihrer Energie, der dann nicht mehr für die Geschoßbewegung zur Verfügung steht.

Will man die Pulverladung verstärken, so kann dies unter sonst gleichen Verhältnissen nur durch eine entsprechende Vergrößerung des Laderaumes auf *O'A* in Abb. 1

geschehen. Der ideale Höchstdruck AB nach der vollkommenen Umwandlung bei konstantem Volumen, bezogen auf die Gewichtseinheit der Ladung, erfährt hierdurch keine Veränderung, dagegen verläuft die sich anschließende theoretische Ausdehnungslinie BD infolge der Rückwärtsverlegung der Nullinie OP nach $O'P'$ erheblich über der ursprünglichen BC. Demgemäß verläuft auch die der neuen Ladung entsprechende wirkliche Ausdehnungslinie $B'D'$ oberhalb der ursprünglichen $B'C'$ und würde erst in einer viel größeren Entfernung denselben Enddruck GC' erreichen. Da die höher verlaufende Drucklinie auch eine größere Arbeitsfläche einschließt, so steigt damit auch die Wucht des Geschosses an der Mündung. Sollen somit die Pulvergase ebenso ausgenutzt werden wie vorher, so muß auch derselbe Mündungsdruck wieder erreicht werden, was aber nur durch Verlängerung des Rohres geschehen kann.

Daraus erkennt man deutlich, daß bei gleicher Ausnutzung eines und desselben Triebmittels die Erhöhung der Mündungsgeschwindigkeit nur durch Vergrößerung der Ladung und des Laderaumes bei gleichzeitiger Verlängerung des Rohres durchführbar ist.

Prof. Cranz[1]) gibt an, daß die Ladung unseres 10 g schweren Infanterie-S-Geschosses 3,2 g wiegt und eine Wärmetönung von 2,762 kcal besitzt. Der oben ermittelten Mündungswucht des Geschosses von 413 mkg entspricht ein Wärmewert von 0,967 kcal, also rd. 35 v. H. der Wärmetönung, während zur Erhitzung des Rohrlaufes 0,62 kcal = 22,5 v. H. aufgewendet wurden, so daß unter Vernachlässigung kleinerer Nebenbeträge, auf die wir noch zurückkommen werden, 42,5 v. H. der Wärmetönung mit den Abgasen verloren gehen. Es ist das eine Wärmebilanz, die sich nicht erheblich von der einer guten Gasmaschine unterscheidet, so daß man mit der Energieausnutzung des Pulvers durchaus zufrieden sein kann.

---

[1]) Cranz, Bewegungserscheinungen beim Schuß, Jahrb. der Schiffbautechnischen Gesellschaft 1911.

Die soeben erwähnten, in der vorstehenden Überschlagsrechnung nicht mit enthaltenen Nebenbeträge sind zum Teil darauf zurückzuführen, daß das Rohrinnere, die sog. Seele, nicht wie beim Gasmaschinenzylinder glatt ausgebohrt, sondern mit einer Anzahl schwach schraubenförmig gewundener Nuten versehen ist. In diese schon erwähnten und in Abb. 1 angedeuteten »Züge« wird der Mantel des Infanteriegeschosses oder die kupfernen Führungsringe der Granaten derart eingepreßt, daß ähnlich wie beim Kolben der Gasmaschine durch die Kolbenringe eine gute Abdichtung entsteht. Außerdem aber wird infolge des schraubenförmigen Verlaufes der Züge dem Geschosse bei der Vorwärtsbewegung eine Drehung um die Achse erteilt, deren Notwendigkeit wir später einsehen werden.

Mit einem Neigungswinkel χ der Züge gegen die Seelenachse und einem Rohrhalbmesser r berechnet sich die sekundliche Umdrehungszahl n bzw. die Winkelgeschwindigkeit ω der Rotation aus der Geschoßgeschwindigkeit v durch die Beziehung

$$r\omega = v \operatorname{tg} \chi.$$

Ist ferner $k_0 < 0{,}7\,r$ der Trägheitshalbmesser eines vorn abgerundeten oder zugespitzten Langgeschosses, so wird dessen Rotationsenergie

$$\frac{\omega^2 k_0^2 m}{2} < \frac{\omega^2 r^2 m}{4} = \frac{m^2}{4} v^2 \operatorname{tg}^2 \chi.$$

Wird, wie gewöhnlich $\operatorname{tg} \chi = 0{,}1$ entsprechend einem Winkel von $\chi = 5^0\,40'$ gewählt, so wird die Rotationsenergie kleiner als 1 : 200 der oben berechneten Wucht $\frac{m v^2}{2}$ der Fortbewegung, obwohl z. B. das *S*-Geschoß beim Verlassen der Mündung die beträchtliche Umlaufszahl von $n = \frac{30\,\omega}{\pi} = 3700$ in der Sekunde erreicht.

Demgegenüber entzieht sich der Energieaufwand zur Überwindung der Reibung in den Zügen der unmittelbaren Messung, da er zum Teil in Form von Wärme dem Pulvergase wieder zugeführt wird. Aus anderweitigen Reibungsversuchen darf man indessen schließen, daß es sich hierbei nur um kleine Energiebeträge handelt, die angesichts der nur angenähert durchführbaren Energiebilanz ebenso beiseite gelassen werden dürfen, wie die Rotationsenergie des Geschosses gegenüber derjenigen seiner Fortbewegung.

Es ist dies um so gerechtfertigter, als auch die versuchsmäßige Feststellung des Druckverlaufes der Pulvergase, Abb. 1, nur eine geringe Genauigkeit zuläßt. Angesichts der außerordentlich großen Drucksteigerung in einer überaus kleinen Zeit verbietet sich die Anwendung von Indikatoren, wie sie an Kolbenmaschinen gebräuchlich sind, von selbst, da deren Federn und Schreibzeuge sofort zerbrechen würden. Statt deren hat man an verschiedenen Stellen ein Versuchsrohr, Abb. 2, angebohrt, in die zylindrischen Öffnungen kleine Kolben *K* eingeschliffen, die auf Kupferzylinder *L* drückten, welche ihrerseits durch den Verschluß *S* gestützt waren. Aus der schließlichen Zusammendrückung des Kupferzylinders kann man dann auf den Höchstdruck an der betreffenden Stelle schließen und aus mehreren derartigen Werten den Druckverlauf, Abb. 1, aufzeichnen. Man übersieht leicht, daß dieses Verfahren auch bei wirklich dicht eingeschliffenem Kolben *K* wegen der ungenauen Druckmessung nur sehr rohe Ergebnisse liefern kann, ein Fehler. der auch einer später zu erwähnenden Meßvorrichtung aus andern Gründen anhaftet. Immerhin ist man in der Lage, aus dem Druckdiagramm mit Hilfe der Energiegleichung die Geschwindigkeit v des Geschosses an jeder Stelle im Rohr auszuwerten. Dies liefert eine parabelähnliche Kurve AEF, die ebenfalls in Abb. 1 gestrichelt eingetragen ist. Aus ihr kann man schließlich die zugehörigen Zeitpunkte sowie die Gesamtdauer des Abfeuerns berechnen, die wir in unserm Rechnungsbeispiel nur grob abschätzen konnten.

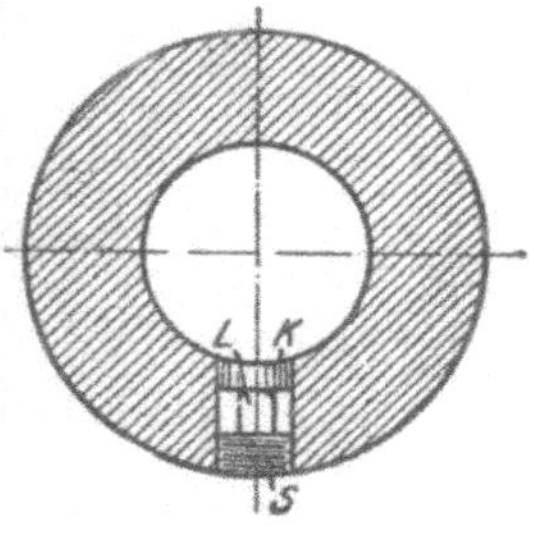

Abb. 2.
Versuchsanbohrung zur Messung des Pulverdruckes.

Wir haben schon oben bemerkt, daß die Pulvergase hinter dem Geschoß das Rohr mit einem sehr beträchtlichen

Überdruck verlassen, der keinesfalls plötzlich auf den Luftdruck herabsinken kann. Vielmehr wird das Bestreben nach einer weiteren allmählichen Ausdehnung unter Arbeits-

Abb. 3.
Abfeuern eines Geschützes mit Rahmenlafette auf dem Kruppschen Schießplatz Meppen.

abgabe nach außen und Erhöhung der Eigengeschwindigkeit bestehen bleiben. Es wird also auch außerhalb des Rohres das Geschoß noch auf kurze Zeit eine Beschleunigung durch das vordrängende Gas erfahren, welches allerdings selbst zum größten Teile seitlich ausweicht. Dadurch entsteht die in Abb. 3 dargestellte, beim Schießen mit Rauchpulver deutlich hervortretende Glockenform des Gasstrahles, die sich am Rande durch die Luftreibung in Wirbel auflöst.

Prof. Cranz und Glatzel[1]) haben diese Erscheinung auch beim Gasaustritt aus Gewehrläufen beobachtet und durch zeitlich aufeinander folgende Lichtbilder, deren Umrisse Abb. 4 wiedergibt, festgestellt, daß der Glockendurchmesser mit sinkendem Mündungsdruck rasch abnimmt. Solange der Gasstrahl aber im Lichtbilde sichtbar bleibt, erscheint die Glocke durch eine scharfe Linie von der vorauseilenden Gasmasse getrennt, was auf eine plötzliche Drucksteigerung an dieser Stelle hindeutet. Wir haben es also mit einem von Stodola sogenannten Verdichtungsstoß der mit großer Geschwindigkeit aus der Mündung austretenden Gasmasse auf die erheblich langsamer vorausströmende zu tun — ein Seitenstück zu dem bekannten Wassersprung beim Austritt aus Durchlässen[2]).

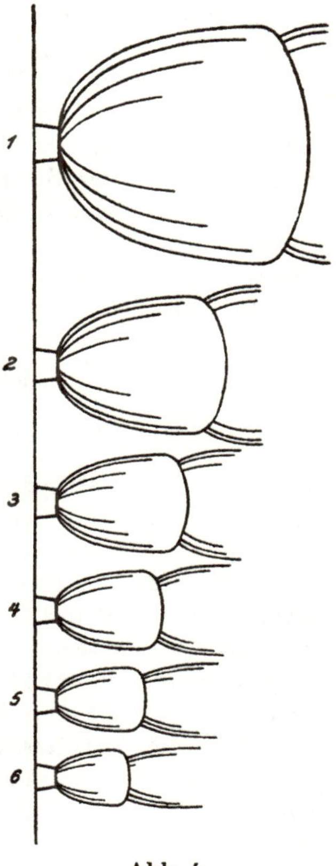

Abb. 4.
Abnahme des Glockendurchmessers mit dem Mündungsdruck.

[1]) Cranz und Glatzel, Die Ausströmung von Gasen bei hohen Anfangsdrucken, I. Teil. Ann. d. Physik. 1914.

[2]) Lorenz, Techn. Hydromechanik 1910, S. 115 und 123.

§ 2.

Die Treibmittel und Sprengstoffe.

Von den als Treibmittel für Geschosse bestimmten Sprengstoffen wird in erster Linie eine kräftige Energieentwicklung in beschränktem Raume und in kurzer Zeit verlangt. Diese Energie E, die wir ausschließlich der Bildungswärme chemischer Verbindungen entnehmen, können wir auch in mechanischem Maße als Produkt des Sprengstoffgewichts G und der Steighöhe h darstellen, auf welche sich dieses Gewicht durch die frei werdende Energie im luftleeren Raume erheben würde. Ist dann V der Verbrennungs- oder Laderaum und γ das auf diesen bezogene Sprengstoffgewicht, die sog. Ladedichte, also

$$E = G h = V \cdot \gamma \cdot h \quad \ldots\ldots \quad (1)$$

so bildet der Bruch mit der Zeitdauer t der Energieentwicklung

$$B = \frac{E}{G t} = \frac{h}{t} \quad \ldots\ldots \quad (2)$$

einen wohl auch als »Brisanz« zu bezeichnenden Maßstab für die Wirkung des Sprengstoffes, welche der eines Stoßes seiner Masse mit der Geschwindigkeit $h : t$ entspricht.

Infolge der Abgeschlossenheit des Laderaumes nach außen muß ferner das Treibmittel alle Bestandteile der erwarteten Verbindungen, insbesondere den zur Verbrennung nötigen Sauerstoff, schon in fester Form enthalten. Hierzu eignen sich vor allem Stickstoffverbindungen, und zwar Abkömmlinge der Salpetersäure, welche um so leichter zerfallen, je mehr Sauerstoffmoleküle sie enthalten. Dieser Zerfall darf indessen nicht von selbst, also z. B. unter atmosphärischem Druck und bei gewöhnlicher Temperatur eintreten, da er sofort zur Selbstentzündung führen würde, welche die Fortbewegung und Aufbewahrung des Körpers ausschließt. Die im Sprengstoff enthaltenen Verbindungen müssen vielmehr eine gewisse Beständigkeit besitzen, die erst durch eine nicht zu kleine Energiezufuhr aufgehoben wird, welche somit zur sog. Zündung, d. h. zur Auslösung des eigentlichen Verbrennungsvorganges, unerläßlich ist. Diese Energiezufuhr stellt daher ein Maß für die Beständigkeit oder Unempfindlichkeit des Sprengstoffes[1]) dar und kann wieder durch die Fallarbeit des Sprengstoffgewichtes um eine Höhe h_1 gemessen werden, das sich danach durch die frei werdende Verbrennungswärme auf die Höhe h_2 erhebt. Die mit der Wärmetönung des Körpers übereinstimmende, für seine Wirkung maßgebende Energieentwicklung der Gewichtseinheit erscheint daher einfach als Unterschied einer Steig- und Fallhöhe

$$h_2 - h_1 = h \quad . \; . \; . \; . \; . \; . \; . \; . \quad (3)$$

entsprechend dem anfänglichen (endothemen) Zerfall des Sprengstoffes und der darauf folgenden (exothemen) Verbindung seiner Bestandteile. In der Tat wird die Zündung von Treibmitteln in den meisten Fällen auf mechanischem Wege, z. B. durch den Stoß einer Zündnadel oder eines Schlagbolzens, bzw. durch Reibungswärme hervorgerufen, während die unmittelbare Wärmezufuhr durch Lunten oder Zündschnüre mit dem früher allgemein verwendeten Schwarzpulver außer Gebrauch gekommen ist.

Der Grund hierfür liegt in der Zusammensetzung des Schwarzpulvers aus etwa 75 v. H. Salpeter, 13 v. H. Kohle und 12 v. H. Schwefel zur Herabziehung der Entzündungstemperatur. Der Zerfall und die Verbrennung verläuft im idealen Falle nach der Formel

$$S + 3C + 2KNO_3 = N_2 + 3CO_2 + K_2S$$

und liefert neben frei werdendem Stickstoff und ebenfalls gasförmiger Kohlensäure Schwefelkalium als festen Rückstand. Bei unvollkommener Verbrennung vermehrt sich der letztere noch durch kohlensaures und schwefelsaures Kalium

---

[1]) In chemischen Schriften benutzt man demgegenüber den umgekehrten Begriff der »Sensibilität«, d. h. der Empfindlichkeit, die indessen dort ebensowenig scharf umschrieben wird wie die von uns oben festgelegte »Brisanz«. Auf die Zweckmäßigkeit der Benutzung der Steighöhe für die frei werdende Sprengstoffenergie hat m. W. zuerst R. Rüdenberg in seiner ausgezeichneten Abhandlung »Über die Fortpflanzungsgeschwindigkeit und Impulsstärke von Verdichtungsstößen«, Artill. Monatshefte 1916, S. 298 hingewiesen.

unter gleichzeitiger Herabminderung der Wärmetönung und der Gasentwicklung. Die festen Rückstände verhindern nicht nur durch Verunreinigung der Rohre die schnelle Aufeinanderfolge von Schüssen, sie stören auch durch ihre Beimischung zu den Pulvergasen, d. h. durch Rauchbildung, das Zielen der Schützen und der Bedienungsmannschaft der Geschütze und verraten schließlich deren Stellung dem Gegner. Man fordert daher heute von einem Treibmittel für Kriegszwecke eine Zersetzung und Verbrennung zu reinen Feuergasen ohne alle festen Rückstände. Diese Bedingung wird in gleicher Weise von der schon 1846 von Schönbein dargestellten Schießbaumwolle (Nitrozellulose) sowie dem in demselben Jahre von Sobrero entdeckten Nitroglyzerin erfüllt. Es sind dies sog. Ester der Salpetersäure HNO_3, deren Rest NO_3 in der Zellulose $C_6H_5(OH)_5$ bzw. dem Glyzerin $C_3H_5(OH)_3$ eine gleiche Zahl von Hydoxylen OH ersetzt. Von den so entstandenen Verbindungen kommen als Treibmittel nur das Nitroglyzerin $C_3H_5(NO_3)_3$, das Kollodium oder Dinitrozellulose $C_6H_5(OH)_3(NO_3)_2$ und die eigentliche Schießwolle oder Trinitrozellulose $C_6H_5(OH)_2(NO_3)_3$ in Betracht. Sie erleiden im günstigsten Falle, d. h. bei vollkommenster Ausnutzung des Sauerstoffs, ohne Abscheidung festen Kohlenstoffes die nachstehenden Umwandlungen:

I. Nitroglyzerin:

$$4C_3H_5(NO_3)_3 = 12\,CO_2 + 10\,H_2O + 6\,N_2 + O_2,$$

II. Kollodium (Dinitrozellulose):

$$C_6H_5(OH)_3(NO_3)_2 = 2CO_2 + 4CO + H_2O + 3H + N_2,$$

III. Schießwolle (Trinitrozellulose):

$$2C_6H_5(OH)_2(NO_3)_3 = 4CO_2 + 8CO + 6H_2O + H_2 + 3N_2.$$

Die Anzahl der Atome im Molekül der beiden Nitrozellulosen steht noch nicht fest; sie ist indessen jedenfalls ein ganzzahliges Vielfaches der vorstehenden Formeln. Daraus folgt dann weiterhin die bedeutend geringere Beständigkeit dieser Körper, die sich durch eine etwa fünfmal größere Umwandlungsgeschwindigkeit gegenüber dem Nitroglyzerin kundgibt. Die hiermit verbundene Gefahr der unbeabsichtigten Entzündung hat lange die Verwendung der Schießbaumwolle verhindert, bis es neben besserer Reinigung gelang, sie durch Quellung in gewissen organischen Flüssigkeiten (z. B. Alkohol, Azeton, Amylazetat) und darauf folgendes Verdunsten des Lösungsmittels zu gelatinieren. Eine ähnliche Wirkung hat auch die Quellung der Schießbaumwolle in dem an sich flüssigen Nitroglyzerin. Durch die weitere Behandlung, insbesondere Pressung (d. h. Erhöhung des spez. Gewichtes γ_0) und Formgebung (Blättchen, Stäbe, Würfel) erzielt man außerdem die für Treibmittel besonders erwünschte Regelbarkeit der Umwandlungsgeschwindigkeit innerhalb weiter Grenzen. Die oben angeschriebenen Umsetzungsformeln, die übrigens je nach den äußeren Umständen mannigfache Abänderungen erleiden, lassen immerhin erkennen, daß im Nitroglyzerin überschüssiger Sauerstoff vorhanden ist, während die Gase der Nitrozellulosen noch weiter brennbare Stoffe, wie Kohlenoxyd und freien Wasserstoff, enthalten. Beide Körperarten können sich somit ergänzen, und daraus erklärt es sich wohl, daß die neueren Treibmittel in der Hauptsache Gemische bzw. Lösungen von Nitrozellulosen und Nitroglyzerin in allerdings sehr wechselnder Zusammensetzung darstellen, während die meist aus Sicherheitsgründen noch vorhandenen geringen Beimischungen anderer Stoffe für die Wirkung keine nennenswerte Rolle spielen. Demgemäß schwankt auch die Wärmetönung Q und Gasentwicklung V_0 der Treibmittel zwischen derjenigen des reinen Nitroglyzerins und des Kollodiums, deren Werte auf 1 kg bezogen der nachstehenden Tabelle entnommen werden können. Diese enthält auch die zur Entzündung nötige Fallhöhe[1]) h_0 eines Gewichtes von 1 kg, die im Verein mit der Entzündungs- oder Verpuffungstemperatur ϑ^0 unter atmosphärischem Druck einen Maßstab für die Unempfindlichkeit gegen Stöße und Erwärmung bildet. Solchen Einwirkungen sind vor allem die zur Füllung der Granaten benutzten Sprengstoffe beim Abfeuern ausgesetzt. Sie müssen daher, um nicht schon im Rohre zu ex-

[1]) Die Fallhöhe h_0 ist nicht mit der eingangs erwähnten h_1 zu verwechseln, die sich auf das Eigengewicht bezieht, während der Fallbär nur einen kleinen Bruchteil x der Sprengstoffmasse trifft und auslöst, so daß also $x h_1 = h_0$ gesetzt werden kann.

plodieren, eine größere Beständigkeit aufweisen als die Treibmittel. Hierzu eignen sich neben dem verhältnismäßig stabilen Ammoniumsalpeter, der nach der Formel

$$2\,NH_4 \cdot NO_3 = 4\,H_2O + 2\,N_2 + O_2$$

mit überschüssigem Sauerstoff, der häufig zur Verbrennung beigemengten Aluminiumpulvers ausgenutzt wird, zerfällt, besonders organische Verbindungen der sog. Nitrogruppe NO_2. Diese kann aus der Salpetersäure HNO_3 durch Austritt des Hydroxyls OH hervorgegangen gedacht werden und ist wegen der andersartigen Bindung des Sauerstoffgehaltes viel beständiger als der in den rauchlosen Treibmitteln enthaltene Salpetersäurerest $NO_3 = O\,(NO_2)$. Ebenso wie dieser ersetzt die Nitrogruppe je ein H-Atom organischer Verbindungen, z. B. des vom Benzol C_6H_6 abgeleiteten Phenols (Karbolsäure) $C_6H_5 \cdot OH$ oder des Toluols $C_6H_5 \cdot CH_3$, wodurch die Sprengstoffe Trinitrophenol (Pikrinsäure) $C_6H_2(NO_2)_3OH$ bzw. das noch beständigere Trinitrotoluol $C_6H_2(NO_2)_3CH_3$ entstehen. In deren Zerfallgasen, deren Zusammensetzung je nach den äußeren Umständen der Explosion (z. B. mit oder ohne Zersprengung einer festen Hülle) sehr verschieden ausfällt, herrscht neben dem frei gewordenen Stickstoff infolge Sauerstoffmangels das Kohlenoxyd CO und unverbrannter Wasserstoff vor, wozu außer etwas CO_2 noch gasförmige Kohlenwasserstoffe wie Methan CH_4 treten. Dementsprechend schwanken auch die Angaben über die Wärmetönung, welche übrigens stets die Verflüssigungswärme des gebildeten Wasserniederschlages mit umfaßt.

Tabelle der Treibmittel und Sprengstoffe.

Bezeichnung	Q cal/kg	h km	γ_0 kg/l	V_0 l/kg	b l/kg	h_0 cm	ϑ^0 Cels
1. Nitroglyzerin . .	1580	670	1,6	710	0,71	2	160—200
2. Schießwolle . .	1100	460	1,1—1,2	850	0,86	5	185
3. Kollodium . . .	730	310		970	0,86	5	190
4. Pikrinsäure . . .	800	340	1,6—1,7	880	—	100	bis 225° keine Verpuffung
5. Trinitrotoluol . .	730	310	1,5—1,6	—	—	200	
6. Schwarzpulver .	700	290	1,5—1,8	280	0,28	10—15	
7. Ammonsalpeter.	630	270	—	940	—	200	
8. Knallquecksilber	400	170	4,4	310	0,31	1	160

Die Explosionstemperatur τ^0 entzieht sich jeder unmittelbaren Messung und ist darum in der Tabelle weggelassen; sie kann in grober Annäherung durch Gleichsetzen der Wärmetönung Q mit der sog. Erzeugungswärme der Verbrennungsgase berechnet werden, wobei der Wärmeinhalt des festen Sprengstoffes zu vernachlässigen ist. Mit einer mittleren spezifischen Wärme c_v der Gase für konstantes Volumen und dem mechanischen Wärmeäquivalent $A = 1 : 427$ erhalten wir alsdann die absolute Explosions- oder Verbrennungstemperatur $T' = 273 + \tau$ aus

$$Q = A\,h = c_v\,T' \quad . \; . \; . \; . \; . \; . \; . \; (4)$$

also unabhängig vom Explosionsdruck p', der sich nach der Gasgleichung

$$p'(v - b) = R\,T' \quad . \; . \; . \; . \; . \; . \; (5)$$

berechnet. In dieser ist R die aus der Zusammensetzung der Verbrennungsgase berechenbare Gaskonstante, v das Volumen der Gewichtseinheit des Gases und b das sog. Kovolumen, d. h. der von den Gasmolekülen selbst erfüllte Raum. Ist demnach V der Inhalt des Verbrennungsraumes und G das Gasgewicht, so folgt mit $Gv = V$ bzw. $G = V\gamma$

$$p' = \frac{G\,R\,T'}{V - G\,b} = \frac{\gamma\,R\,T'}{1 - b\gamma} \quad . \; . \; . \; . \; . \; (5a)$$

Eliminieren wir aus dieser Formel die Temperatur T' mit Hilfe von (4) und beachten, daß mit den spezifischen Wärmen bei konstantem Druck c_p und konstanter Temperatur c_v

$$A\,R = c_p - c_v$$

ist, so wird aus (5c)

$$p' = \frac{c_p - c_v}{c_v} \, \frac{\gamma\,h}{1 - \gamma\,b} \quad . \; . \; . \; . \; . \; . \; (5b)$$

Diese Formel hat natürlich nur so lange einen Sinn, als die Ladedichte γ, welche nicht mit dem spezifischen Gewicht des festen Sprengstoffes verwechselt werden darf, die Bedingung $1 > b\gamma$ erfüllt. Der Druck wird demnach viel rascher ansteigen als die Ladedichte. Das wird auch durch Stauchung von Kupferzylindern in der Versuchsbombe bestätigt, welche die nachstehenden Höchstdrücke in kg/qcm ergab.

Ladedichte	0,1	0,5	0,7	1,0	1,6	2,4 kg l
Nitroglyzerin . .	1100	7800	21000	35000	—	—
Schießwolle . . .	1000	8500	25000	—	—	—
Pikrinsäure . . .	1000	8000	24000	—	—	—
Schwarzpulver . .	340	2100	4200	6200	29000	—
Knallquecksilber .	470	2700	4950	6600	14600	44000

Legen wir z. B. den oben unter I angegebenen Zerfall des Nitroglyzerins zugrunde, so würde den Verbrennungsgasen eine Gaskonstante $R = 27$ und die spez. Wärmen $c_p = 0{,}27$ und $c_v = 0{,}2$ zukommen. Beträgt die Wärmetönung $Q = 1580$ kcal, so folgt aus (4) die absolute Verbrennungstemperatur $T' = 7900^0$. Mit dem aus der Tabelle entnommenen Kovolumen

$$b = 0{,}71\ \mathrm{l/kg} = 0{,}00071\ \mathrm{cbm/kg}$$

und einer Ladedichte

$$\gamma = 0{,}1\ \mathrm{kg/l} = 100\ \mathrm{kg/cbm}$$

ergibt dann weiter Gl. (5a) den Explosionsdruck

$$p' = 2200\ \mathrm{kg/qcm}.$$

Der derselben Wärmetönung und Ladedichte entsprechende niedere Wert der letzten Tabelle erklärt sich einfach aus der anderweitigen Zusammensetzung der Pulvergase, die, wie schon früher bemerkt, durch die äußeren Umstände sowie durch die Veränderlichkeit der spez. Wärmen stark bedingt wird.

Die Zündung erfolgt zurzeit fast ausschließlich durch Vermittelung eines Zündmittels, welches selbst durch einen Stoß oder Schlag zur Explosion gebracht wird. Hierzu eignet sich wegen seiner großen Empfindlichkeit das in die erste Tabelle ebenfalls aufgenommene Knallquecksilber in sog. Zündhütchen oder Sprengkapseln, welches nach der Formel

$$(CNO)_2Hg = 2CO + N_2 + Hg$$

sehr rasch zerfällt und nicht nur durch die freiwerdende Wärme (Feuerstrahl) die benachbarten Teile des trägeren Stoffes zur Entzündung bringt, sondern auch vermittelst einer mit großer Geschwindigkeit (bis 7000 m/sk) fortschreitenden Druckwelle eine kräftige Stoßwirkung auf die ganze Masse ausübt und so deren Explosion auslöst. Von stärkerem Einfluß als die nur mäßige Energieentwicklung ist hierauf die große Dichte der in Bewegung gesetzten Explosionsgase des Knallquecksilbers und des an seiner Stelle neuerdings häufig verwandten Bleiazids PbN_6, welches vermöge der über 220° liegenden Verpuffungstemperatur weniger gefährlich zu handhaben ist und eine im Verhältnis zu seinem Eigengewicht noch viel kräftigere Stoßwirkung ausübt.

Verglichen mit der Wärmetönung des reinen Kohlenstoffes von rd. 8000 kcal ist die Energieentwicklung der bisher besprochenen Sprengstoffe nur gering. Allerdings muß für unsere Zwecke noch der zur Verbrennung nach der Formel

$$C + 2O = CO_2$$

nötige Sauerstoff von 2,67 kg auf 1 kg C hinzugefügt werden, so daß sich die erwähnte Wärmetönung auf 3,67 kg Zündstoff verteilt und für 1 kg 2610 kcal liefert. Mithin wäre Kohlepulver mit Sauerstoff gemischt ein noch viel wirksamerer Sprengstoff als die gebräuchlichen Pulver. Leider kann man die Mischung nach dem Vorschlage von Linde nur mit flüssigem Sauerstoff durchführen, der während der Aufbewahrung und des Transportes teilweise verdunstet und so die für Treibmittel unerläßliche Gleichmäßigkeit der Zusammensetzung der Ladung gefährdet. Deshalb ist das Lindesche Oxyliquid auf stationäre Sprengungen, z. B. von Grabenminen, sowie im Bergbau beschränkt, wo es sich auch vortrefflich bewährt hat.

§ 3.

Die Verbrennung des Pulvers.

Die Verbrennung des Pulvers beginnt an irgendeiner Stelle der Oberfläche des Pulverkörpers, während diese auf die Entzündungstemperatur gebracht wird und schreitet von da sowohl längs der Oberfläche als auch nach dem Körperinnern fort. Ist das Pulver im Laderaum eingeschlossen, so wird der freie Teil desselben sehr rasch von Verbrennungsgasen erfüllt, welche damit alle Pulverkörper gleichmäßig umgeben und deren gesamte Oberfläche fast gleichzeitig auf die Entzündungstemperatur bringen. Infolgedessen kommt für die

Umwandlung des Pulvers nur noch das Fortschreiten der Verbrennung normal zur Oberfläche nach dem Innern der Pulverkörper in Frage. Für dieses ist aber der Wärmeübergang zwischen den schon gebildeten Verbrennungsgasen und der Oberfläche des noch unverbrannten Pulvers maßgebend. An dieser herrscht erfahrungsgemäß die unveränderliche Entzündungstemperatur, während die Pulvergase sofort mit ihrer Entwicklung die vom Drucke unabhängige Explosionstemperatur annehmen. Das Temperaturgefälle bleibt mithin unverändert, während die Zahl der die Oberfläche treffenden, den Wärmeaustausch vermittelnden Gasmoleküle dem Drucke p direkt proportional ist. Diese Proportionalität ist daher nach dem Vorgange von Sébert und Hugoniot auch für die sog. Verbrennungsgeschwindigkeit in der Richtung der Normalen n anzusetzen, also mit Rücksicht auf die Abnahme der Körperabmessungen

$$\frac{dn}{dt} = -a_0 \frac{p}{p_0} \quad . \quad . \quad . \quad . \quad . \quad . \quad . \quad . \quad (1)$$

zu schreiben, worin p_0 den Atmosphärendruck und a_0 die ihm entsprechende Verbrennungsgeschwindigkeit bedeuten. Die Umwandlungsgeschwindigkeit der Pulvermenge G

$$\frac{1}{G}\frac{dG}{dt} = \frac{dx}{dt} \quad . \quad . \quad . \quad . \quad . \quad . \quad . \quad . \quad (2)$$

hängt weiterhin davon ab, ob bei der Verbrennung eine oder mehrere Richtungen bevorzugt sind. So wird beim Abbrennen in parallelen Ebenen wie beim Blättchenpulver der verbrannte Bestandteil x sich linear, beim Abbrennen des Stabpulvers in konzentrischen Zylinderflächen sich der Änderung des Stabquerschnitts entsprechend mit dem Quadrate des Durchmessers und endlich beim Würfel- oder Kornpulver mit der dritten Potenz der in die Verbrennungsrichtung fallenden Hauptrichtung bzw. ihrer ursprünglichen Werte n_0 ändern. Für diese drei Fälle erhalten wir somit nach dem Vorgang von Prof. Mache[1])

[1]) Siehe dessen wertvolle Abhandlungen über die Verbrennung des Pulvers und die Geschoßbewegung im Rohr in den »Mitteilungen über Gegenstände des Artillerie- und Geniewesens«, Wien 1916; zusammengefaßt in der Schrift: Physik der Verbrennungserscheinungen, Leipzig, Veit & Co. 1918.

$$\begin{array}{cccc} & \text{I} & \text{II} & \text{III} \\ x = & 1 - \frac{n}{n_0} & 1 - \frac{n^2}{n_0^2} & 1 - \frac{n^3}{n_0^3} \\ \frac{dx}{dt} = & - \frac{1}{n_0}\frac{dn}{dt} & - \frac{2n}{n_0^2}\frac{dn}{dt} & - \frac{3n^2}{n_0^3}\frac{dn}{dt} \end{array} \quad \ldots \quad (3)$$

also mit Rücksicht auf (1)

$$\frac{dx}{dt} = \frac{a_0}{n_0}\frac{p}{p_0}, \quad \frac{2a_0}{n_0}\frac{p}{p_0}\sqrt{1-x}, \quad \frac{3a_0}{n_0}\frac{p}{p_0}(1-x)^{2/3} \quad . \; (3a)$$

Hierin bedeutet aber

$$\frac{n_0}{a_0} = t_0 \quad . \; . \; . \; . \; . \; . \; . \; . \; . \quad (4)$$

die Verbrennungsdauer der Pulverkörper bei Atmosphärendruck, mit der wir an Stelle von (3a) für alle drei Fälle auch schreiben können

$$\frac{dx}{dt} = \frac{p}{p_0 t_0}, \quad \frac{2p\sqrt{1-x}}{p_0 t_0}, \quad \frac{3p(1-x)^{2/3}}{p_0 t_0} \quad . \; . \; (3b)$$

Im Verbrennungsraum V befinden sich nun in einem gegebenen Augenblicke xG kg Verbrennungsgase und $(1 - x)\,G$ kg noch unverbranntes Pulver. Nehmen wir an, daß der von der Gewichtseinheit des letzteren beanspruchte Raum hinreichend genau mit dem sog. Kovolumen b übereinstimmt, welches auch den Molekülen des entwickelten Gases xG zukommt, so würde nur $V - Gb$ als freies Gasvolumen übrig bleiben, in dem mit der Gaskonstanten R bei der Temperatur T' nach dem Gasgesetz alsdann der Druck

$$p = \frac{xGRT'}{V - Gb} \quad . \; . \; . \; . \; . \; . \; . \; . \quad (5)$$

herrscht. Da indessen die Gasentwicklung erfahrungsgemäß erst nach Überschreiten eines bestimmten Anfangsdruckes p_1' (nach Angaben von Bunsen und Petaval etwa 10 kg/qcm) beginnt, so ist Gl. (5) durch Hinzufügen dieses Grenzdruckes auf der rechten Seite derart zu ergänzen, daß unter Einführung der Ladedichte $\gamma = G : V$

$$p - p_1' = \frac{xGRT'}{V - Gb} = \frac{x\gamma RT'}{1 - \gamma b} \quad . \; . \; . \; . \quad (5a)$$

die Zustandsgleichung des im Raume V bei konstanter Temperatur T' verbrennenden Pulvers darstellt. Setzen wir der Kürze halber hierfür mit dem stets sehr hohen Explosionsdruck p'

$$p - p_1' = p' x \quad . \quad . \quad . \quad . \quad . \quad . \quad . \quad (5\text{b})$$

so liefert die Verbindung mit der letzten Formel (3b) für das Blättchenpulver I von der Dicke $2n_0$

$$\frac{dx}{dt} = \frac{(p_1' + p' x)}{p_0 t_0} \quad . \quad . \quad . \quad . \quad . \quad . \quad . \quad (6)$$

Durch Integration zwischen den Grenzen $x = 0$ und x folgt daraus die zugehörige Verbrennungszeit mit Rücksicht auf die Kleinheit von p_1' gegen p'

$$t = \frac{t_0 p_0}{p'} \operatorname{lgn} \frac{p_1' + p' x}{p_1} = \frac{t_0 p_0}{p'} \operatorname{lgn} \frac{p' x}{p_1} \quad . \quad . \quad . \quad (6\text{a})$$

und für $x = 1$ die ganze Verbrennungsdauer

$$t_{\text{I}} = \frac{t_0 p_0}{p_1} \operatorname{lgn} \frac{p'}{p_1'}, \quad . \quad . \quad . \quad . \quad . \quad . \quad . \quad (6\text{b})$$

Für das stabförmige Treibmittel vom Halbmesser n_0 ergibt die Verbindung von (4b) mit der letzten Formel (3b) II

$$\frac{dx}{dt} = \frac{2}{p_0 t_0} (p_1' + p' x) \sqrt{1 - x} \quad . \quad . \quad . \quad . \quad (7)$$

deren Integration mit den Umformungen

$$\sqrt{1 - x} = y \text{ und } \frac{p'}{p_1' + p'} = \beta^2 \quad . \quad . \quad . \quad , \quad (8)$$

auf

$$t = \frac{t_0 p_0}{2 \beta (p' + p_1')} \operatorname{lgn} \left(\frac{1 - \beta y}{1 + \beta y} \, \frac{1 + \beta}{1 - \beta} \right)$$

führt. Darin kann man wieder wegen der Kleinheit von p_1' gegen p'

$$\beta = 1 - \frac{1}{2} \frac{p_1'}{p'} \sim 1 \quad . \quad . \quad . \quad . \quad . \quad . \quad . \quad (8\text{a})$$

setzen und erhält hinreichend genau

$$t = \frac{t_0 p_0}{2 p'} \operatorname{lgn} \left(4 \frac{p'}{p_1'} \cdot \frac{1 - \sqrt{1 - x}}{1 + \sqrt{1 - x}} \right) . \quad . \quad . \quad . \quad (7\text{a})$$

woraus für $x = 1$ die ganze Verbrennungsdauer

$$t_{\text{II}} = \frac{t_0 p_0}{2 p'} \operatorname{lgn} \frac{4 p'}{p'_1} \quad . \quad . \quad . \quad . \quad . \quad . \quad . \quad (7\text{b})$$

folgt. Für das Würfelpulver erhält endlich Mache a. a. O. mit der letzten Formel (3) III unter den gleichen Voraussetzungen für die ganze Verbrennungsdauer angenähert

$$t_{III} = \frac{t_0 p_0}{6 p'} \left[\lg n \, 27 \left(\frac{p'}{p'} \right)^2 + \frac{\pi}{\sqrt{3}} \right] \quad . \quad . \quad . \quad . \quad (9)$$

Aus diesen Formeln geht die Abhängigkeit der Verbrennungsdauer und der immer rascher ansteigenden Verbrennung von der Form der Pulverkörper deutlich hervor.

Ist beispielsweise der höchste Explosionsdruck $p' =$ 1000 kg/qcm und ein Zündungsdruck $p_1' = 10$ kg/qcm vorgelegt, so ergibt sich mit einer Verbrennungsgeschwindigkeit von $a_0 = 0{,}25$ mm/sk bei atmosphärischem Drucke $p_0 =$ 1 kg/qcm.

	für Blättchenpulver	Stabpulver
von der halben Dicke	$n_0 = 0{,}25$ mm	$n_0 = 6$ mm
mit der freien Verbrennungsdauer	$t_0 = 1$ Sek.	$t_0 = 24$ Sek.
für $x = 0{,}1$ aus (5a)	$t = 0{,}0023$ Sek.	$t = 0{,}029$ Sek.
» $x = 0{,}5$ » »	0,0039 »	0,051 »
» $x = 1$ » »	0,0082 »	0,022 »

Die für das Stabpulver berechneten Werte stimmen nach Mache gut mit Versuchsergebnissen von Petaval (Phil. Transact. Roy. Soc. 1906) überein. Weiterhin gestatten die Macheschen Formeln für die Verbrennungsdauer die Berechnung der von uns im Eingang des vorigen Abschnittes festgelegten Brisanz.

Die praktische Verwendung dieses Ausdrucks muß allerdings verschoben werden, bis über die Pulverkonstanten, insbesondere über die Verbrennungsdauer t_0 und den Zündungsdruck p_1' eine ausreichende Zahl zuverlässiger Beobachtungen vorliegt.

§ 4.

Die Verbrennung im Rohr und die Pulverdruckkurve.

Im Laderaum einer Schußvorrichtung verläuft die durch die Explosion einer kleinen Menge des Zündmittels ausgelöste Verbrennung des Pulvers zunächst bei ruhendem Geschoß und konstantem Volumen, bis der Widerstand der Züge gegen das Eindringen der Führungsringe überwunden ist. Das geschieht bei einem Druck p_1, der sich aus dem Widerstand W_1 einer der ν auf den Umfang $2\pi r$ des Rohres verteilten Züge von der Breite b_1 (einschließlich des zugehörigen Steges zwischen zwei Zügen) zu

$$p_1 = \frac{\nu W_1}{\pi r^2} = \frac{2\pi r W_1}{\pi r^2 b_1} = \frac{2 W_1}{b_1 r} \quad . \quad . \quad . \quad . \quad (1)$$

berechnet. Da aus älteren französischen Versuchen sich an einem Feldgeschütz vom Kaliber $2r = 7{,}5$ cm und kupfernen Führungsringen $p_1 = 270$ kg/qcm ergeben hat, so wäre unter der Annahme gleicher Abmessungen der Züge auch bei andern Kalibern ungefähr

$$p_1 r = 1000 \text{ kg/cm} \quad . \quad . \quad . \quad . \quad . \quad . \quad (1\text{a})$$

zu setzen, während für Gewehre überhaupt keine Angaben vorliegen. Dem Drucke p_1 ist nach der Gl. (4) des vorigen Abschnitts ein allerdings nur sehr kleiner Verbrennungsanteil x_1 des Pulvers zugeordnet.

Nach Überschreiten des Druckes p_1 beginnt sofort die Geschoßbewegung, an der sich auch die dem Geschoß folgenden Pulvergase beteiligen. Die gleichzeitig einsetzende Geschoßrotation sowie der Rücklauf des Geschützes bzw. des Rohres lassen sich, wie wir noch sehen werden, leicht durch Zuschläge zum Geschoßgewicht berücksichtigen, wenn man sie nicht angesichts der Kleinheit der darauf entfallenden Energiebeträge vernachlässigen will. Für die Pulvergase ist dies von vornherein jedenfalls nicht zulässig, während anderseits die genaue Ermittelung ihrer kinetischen Energie die Kenntnis des Zustandes und die Geschwindigkeit der Gase an jeder Stelle des Rohres voraussetzt, die nur durch sehr umständliche und trotzdem nur unsichere Rechnungen gewonnen werden kann.

Wir wollen darum mit Rücksicht auf das Überwiegen der Geschoßmasse über diejenige der Pulvergase deren Wärmezustand als homogen annehmen und ihre Geschwindigkeitszunahme vom Laderaum bis zum Geschoßboden in erster Annäherung dem Abstande vom ersteren proportional setzen[1]). Bezeichnen wir den Abstand des Geschoßbodens mit s, die Geschwindigkeit mit v, so ist diejenige im Abstande z vom Laderaum

$$u = \frac{z}{s} v$$

und bei einer augenblicklichen Gesamtmasse m der Pulvergase deren Massenelement

$$dm = \frac{m}{s} dz.$$

Daraus folgt aber für die kinetische Energie dieser Masse

$$\frac{1}{2}\int_0^m u^2\, dm = \frac{v^2 m}{2 s 3}\int_0^z z^2\, dz = \frac{1}{6} m v^2 \quad . \qquad (2)$$

und für den Energieinhalt der in solcher Bewegung begriffenen Gewichtseinheit des Gases von der Temperatur T

$$U = c_v T + A \frac{v^2}{6g} \quad . \; . \; . \; . \; . \; . \qquad (3)$$

Durch die Verbrennung von $G dx$ kg Pulver im Laderaum ist nun die Wärmemenge $dQ = A h G dx$ frei geworden, welche den Energieinhalt $G U x$ der augenblicklich vorhandenen Gasmenge $G x$ um $G d(U x)$ und die kinetische Energie des Geschoßgewichtes G_0 um $G_0 v dv : g$ vergrößert, während ein Rest dQ', dem wir auch noch die unerhebliche Reibungswärme der Führung in den Zügen zurechnen dürfen, an die Rohrwandungen übergeht. Vernachlässigen wir ferner die kleine Verdrängungsarbeit des Geschosses gegen den Atmosphärendruck, sowie die Änderung der kinetischen Energie der vor dem Geschoß im Rohr befindlichen Luft, so erhalten wir während der Verbrennung im Rohr die Energiegleichung

$$A h G dx = G d(U x) + A \frac{G_0}{g} v dv + dQ' \quad . \; . \qquad (4)$$

[1]) Die Voraussetzung des gleichen Zustandes der ganzen Gassäule genügt aber nicht, wie Prof. Mache a. a. O. annimmt, zur Begründung des mit dem Abstande proportionalen Geschwindigkeitszuwachses, sie ist indessen unabhängig davon notwendig zur Berechnung der kinetischen Energie.

Angesichts der großen Schwierigkeit und doch nur geringen Zuverlässigkeit der Berechnung der Wandungswärme dQ' wollen wir sie kurzerhand als Abzug von der Verbrennungsenergie einführen und mit $h' < h$ an Stelle von (4) unter gleichzeitiger Einführung von (3) schreiben

$$A\,h'\,G\,d\,x = G\,d\left(c_v\,x\,T + A\,x\,\frac{v^2}{6\,g}\right) + A\,G_0\,\frac{v\,d\,v}{g} \quad . \ (4\text{a})$$

Die Integration dieser Gleichung müßte streng genommen zwischen den Grenzen 0 und v entsprechend x_1 und x sowie der Explosionstemperatur T' und der augenblicklichen Gastemperatur T im Rohr erfolgen. Angesichts der Kleinheit von x_1 wollen wir diesen Anfangswert und damit auch die nur unbedeutende Widerstandsarbeit beim Einpressen in die Züge ganz vernachlässigen und erhalten so

$$G\,x\left(A\,h' - c_v\,T - A\,\frac{v^2}{6\,g}\right) = A\,G_0\,\frac{v^2}{2\,g} \quad . \ . \ . \ (5)$$

Zur Elimination der Temperatur T ziehen wir die Gasgleichung (4) des vorigen Abschnitts heran, aus der wir den Geschoßbodenabstand s von einer Querschnittsebene des Laderaums rechnen, welche mit dessen hinterer Abschlußebene das Kovolumen der ganzen Pulvermasse einschließt, so daß mit dem Rohrquerschnitt F

$$V - G\,b = F\,s \quad . \ . \ . \ . \ . \ . \ . \ . \ (6)$$

und an Stelle der Gasgleichung

$$F\,s\,p = x\,G\,R\,T \quad . \ . \ . \ . \ . \ . \ . \ (7)$$

geschrieben werden darf. Anderseits gilt für die Geschoßbewegung durch den Pulverdruck unter Vernachlässigung des kleinen Reibungswiderstandes der Züge sowie wegen $d\,s = v\,d\,t$

$$F\,p = \frac{G_0}{g}\,\frac{d\,v}{d\,t} = \frac{G_0}{g}\,v\,\frac{d\,v}{d\,s} \quad . \ . \ . \ . \ . \ (8)$$

also durch Verbindung mit (7)

$$x\,T = \frac{G_0}{R\,G\,g}\,s\,v\,\frac{d\,v}{d\,s} \quad . \ . \ . \ . \ . \ . \ (9)$$

Damit wird aus der Energiegleichung

$$A\,G\,x\left(h' - \frac{v^2}{6\,g}\right) - A\,G_0\,\frac{v^2}{2\,g} = \frac{G_0\,c_p}{R\,g}\,s\,v\,\frac{d\,v}{d\,s} \quad . \ . \ (5\text{a})$$

oder nach Multiplikation mit Rg sowie Beachtung der Beziehung

$$\frac{AR}{c_p} = \frac{c_p - c_v}{c_v} = \varkappa - 1 \quad . \quad . \quad . \quad . \quad . \quad (10)$$

zwischen der Gaskonstanten R und den beiden spezifischen Wärmen bei konstantem Druck c_p und konstantem Volumen c_v

$$s\,v\frac{dv}{ds} = \frac{\varkappa - 1}{2}\left(\frac{xG}{3G_0}(6gh' - v^2) - v^2\right) \quad . \quad . \quad . \quad (5b)$$

Ersetzen wir die rechte Seite durch den Druck nach Gl. (8), so erhalten wir für diesen

$$p = \frac{(\varkappa - 1)G_0}{2gFs}\left(\frac{xG}{3G_0}(6gh' - v^2) - v^2\right) \quad . \quad . \quad . \quad (11)$$

Der Druck ist hiernach für jede Geschoßlage s bestimmt, wenn wir die dazu gehörige Geschwindigkeit und den bis dahin verbrannten Pulveranteil x kennen. Zu deren Berechnung ist zunächst aus Gl. (5b) die Größe x zu eliminieren, wozu wir uns der Formelgruppe (3b) des vorigen Abschnittes für die einzelnen Pulversorten bedienen. Verbinden wir diese Formeln mit der vorstehenden Gl. (8), so ergibt sich mit der Abkürzung

$$\frac{F}{G_0}\,\frac{g\,n_0\,p_0}{G_0} = \frac{F}{G_0}\,g\,t_0\,p_0 = c \quad . \quad . \quad . \quad . \quad . \quad (12)$$

für Blättchenpulver I, Stabpulver II, Würfelpulver III

$$dx = \frac{dv}{c}, \qquad \frac{dx}{\sqrt{1-x}} = 2\frac{dv}{c}, \qquad \frac{dx}{(1-x)^{2/3}} = 3\frac{dv}{c} \quad . \quad (13)$$

und daraus durch Integration mit dem Anfangswert x_1

$$\left.\begin{array}{c} x - x_1 = \dfrac{v}{c}, \\ \sqrt{1-x} = \sqrt{1-x_1} - \dfrac{v}{c}, \qquad \sqrt[3]{1-x} = \sqrt[3]{1-x_1} - \dfrac{v}{c} \end{array}\right\} \quad (13a)$$

Hierin dürfen wir aber den vor der Geschoßbewegung verbrannten Pulveranteil x_1 seiner schon eingangs erkannten Kleinheit halber vernachlässigen und folglich für die drei Pulversorten schreiben

$$x = \frac{v}{c}, \qquad 2\frac{v}{c} - \frac{v^2}{c^2}, \qquad 3\frac{v}{c} - 3\frac{v^2}{c^2} + \frac{v^3}{c^3} \quad . \quad . \quad . \quad (13b)$$

Daraus geht aber hervor, daß die Konstante c die Geschoßgeschwindigkeit für $x = 1$, d. h. im Augenblick der vollendeten Pulververbrennung darstellt. Diese ist nach Gl. (12) durch die atmosphärische Verbrennungsdauer der Pulverkörper und den als Querschnittbelastung bezeichneten Quotienten $G_0 : F$ des Geschoßgewichts und des Rohrquerschnitts gegeben und hängt insbesondere weder vom Druck und dessen Änderung, noch von der Form der Pulverkörper ab.

Die Geschwindigkeit c begrenzt aber auch den Gültigkeitsbereich der beiden Gleichungen (5b) und (11), deren erste nach Einführung der Ausdrücke (13b) für den verbrannten Pulveranteil x sofort integrabel wird. Die hieraus folgende Beziehung zwischen der Geschwindigkeit v und dem Geschoßabstand s ergibt dann nach Einsetzen in (11) die Gleichung für die Pulverdruckkurve während des Verbrennungsvorganges. Diese beginnt — streng genommen — mit einem aus (1a) hervorgehenden Druck p_1 in der Anfangsstellung s_1 des noch ruhenden Geschosses ($v = 0$) mit einem kleinen, durch

$$F p_1 s_1 = (\varkappa - 1) x_1 G h' = x_1 G R T' \quad . \quad . \quad . \quad (11\text{a})$$

gegebenen Verbrennungsanteil x_1, den wir indessen in den vorstehenden Rechnungen schon mehrfach vernachlässigt haben. Nachdem das ganze Pulver verbrannt, also die Geschwindigkeit $v > c$ geworden ist, wird mit $x = 1$ aus Gl. (5b)

$$2 s v \frac{dv}{ds} = (\varkappa - 1) \frac{G + 3 G_0}{3 G_0} \left(\frac{G}{G + 3 G_0} 6 g h' - v^2 \right) \quad . \quad (14)$$

oder mit den Abkürzungen

$$\left. \begin{aligned} \frac{G}{G + 3 G_0} 6 g h' &= c_0^2 \\ (\varkappa - 1) \cdot \frac{G + 3 G_0}{3 G_0} &= \mu > 0 \end{aligned} \right\} \quad . \quad (15)$$

übersichtlicher

$$\mu \frac{ds}{s} = \frac{-d(v^2)}{v^2 - c_0^2} \quad . \quad . \quad . \quad . \quad . \quad . \quad . \quad (14\text{a})$$

Deren Integration ergibt mit der unteren Grenze $s = s_2$ und $v = c$

$$\mu \lg n \frac{s}{s_2} = \lg n \frac{c^2 - c_0^2}{v^2 - c_0^2}$$

oder

$$v^2 = c_0^2 - (c_0^2 - c^2)\left(\frac{s_2}{s}\right)^\mu \quad . \ . \ . \ . \ . \ (14b)$$

Danach wäre c_0 diejenige Geschwindigkeit, welche das Geschoß asymptotisch, d. h. nach unendlicher Rohrlänge ($s = \infty$) und vollständiger Ausdehnung der Pulvergase ohne Gegendruck ($p = 0$) erreichen würde.

Mit $x = 1$ und den Abkürzungen (15) geht aber auch Gl. (11) über in

$$p = \mu \frac{G_0}{2 g F s}(c_0^2 - v^2) \quad (16)$$

oder wegen (14b)

$$p s^{\mu+1} = \frac{\mu G_0}{2 g F}(c_0^2 - c^2) s_2^\mu \quad . \ . \ . \ (16a)$$

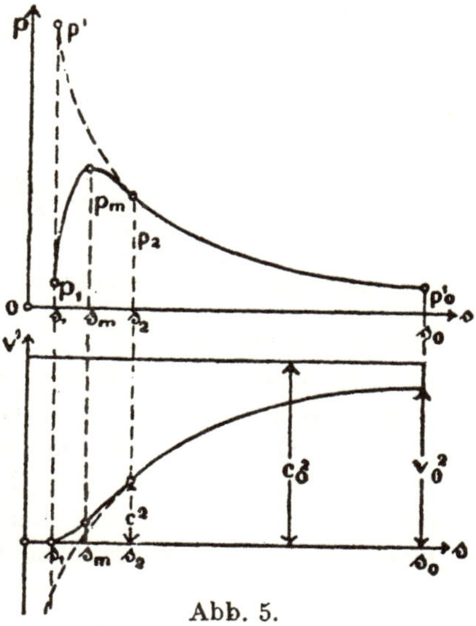

Abb. 5.
Kurven des Pulverdruckes und der Geschoßenergie.

Die rückwärtige Verlängerung der durch diese Gleichung dargestellten reinen Ausdehnungslinie (Abb. 5) liefert für die Ruhelage des Geschosses $s = s_1$ entsprechend $v = 0$ mit Rücksicht auf die Bedeutung von c_0^2 den der Steighöhe h' zugeordneten Explosionsdruck des Treibmittels im konstanten Laderaum, nämlich

$$T s_1 p' = (\varkappa - 1) G h' = G R T' \quad . \ . \ . \ . \ . \ (7a)$$

der auch unmittelbar aus Gl. (7) abgeleitet werden ann. Weiterhin erkennt man aus dem nach Gl. (11c) stetig abnehmenden Drucke, daß der Höchstwert p_m des Druckes jedenfalls schon bei Beginn der reinen Ausdehnung überschritten sein muß, also in den Verbrennungsvorgang fällt. Durch diese allgemein gültige, insbesondere von den Eigenschaften des Treibmittels und der Form der Pulverkörper unabhängige Schlußfolgerung erledigt sich die gelegentlich ausgesprochene Annahme des Zusammenfallens des Höchstdruckes mit dem Ende der Verbrennung, was vielmehr nur ausnahmsweise zutreffen kann und dann den Druckverlauf Abb. 6 ergibt.

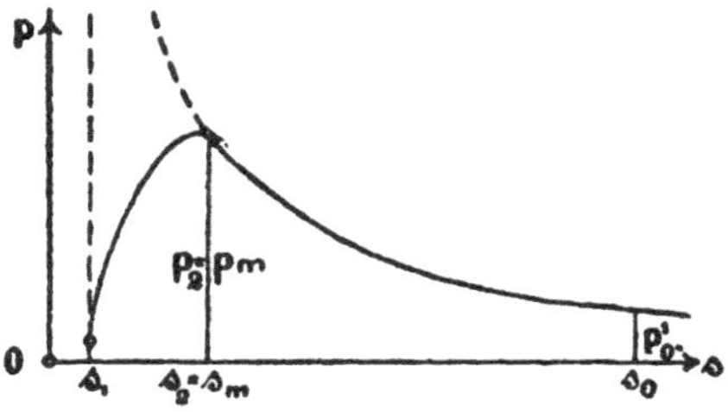

Abb. 6.
Grenzfall des Druckverlaufes.

Es liegt nahe, die durch (11c) gegebene Druckkurve des vollständig verbrannten Gases als umkehrbare Adiabate aufzufassen, wie dies von verschiedenen Bearbeitern, zuletzt von Mache[1]), geschehen ist. Dann aber müßte der Exponent in (11c) $\mu + 1 = \varkappa$ sein, was nach (15) schon infolge seiner Abhängigkeit vom Gewichtsverhältnis $G : G_0$ der Ladung und des Geschosses im allgemeinen nicht zutreffen kann. Wir haben eben infolge der Bewegung des Geschosses und der Pulvergase im Rohr ohne nennenswerten Gegendruck keine umkehrbare Ausdehnung vor uns, die sich nur unendlich langsam abspielen könnte.

Mit der Abb. 5 haben wir auch noch den Verlauf von v^2, d. h. der kinetischen Geschoßenergie nach Gl. (14b) vereinigt, dessen für $v^2 < c^2$ und $s < s^2$ punktiert eingetragene rückwärtige Verlängerung sich der Ordinatenachse asymptotisch nähert. Der wirkliche, der Verbrennung zugehörige Linienzug v^2 ist ebenfalls eingetragen; er beginnt, da nach Gl. (5b) für

$$x = 0,\quad v = 0,\quad \frac{d(v^2)}{ds} = 0$$

---

[1]) Mache: Über die Bewegung des Geschosses im Rohr während der Verbrennung des Pulvers, Mitt. d. Gegenstände d. Artillerie- und Geniewesens, Wien 1916.

ist, tangential mit der dem Laderaum entsprechenden Abszisse s_1, überschreitet ferner die Abszisse s_m des Höchstdruckes p_m wegen (8), d. h.

$$F\frac{dp}{ds} = \frac{G}{2g}\frac{d^2(v^2)}{ds^2} = 0 \quad . \; . \; . \; . \; . \; (8\text{a})$$

mit einem Wendepunkt und schließt sich dann für s_2 und $v = 0$ stetig an die Kurve (14b) an, während die Druckkurve an dieser Stelle einen Knick aufweist. Da die reine Ausdehnung in dem durch das Ladegewicht G und die Wärmetönung bzw. die um den Energieverlust durch die Wendung verminderte Steighöhe h' bestimmten Punkt $s_1 p'$ beginnt, so sind die ihr zugehörigen Geschwindigkeits- und Druckkurven unabhängig von der Form der Pulverkörper.

§ 5.

Durchführung der Berechnung für das Blättchenpulver.

Nachdem wir den Verlauf der Pulverdruckkurve und die Geschoßenergie im Rohr im allgemeinen kennen gelernt haben, wollen wir die noch ausstehende Berechnung innerhalb der Verbrennungsdauer zunächst für den einfachsten Fall des Blättchenpulvers, d. h. nach (13b) § 4 für $x = v : c$ durchführen. Damit wird aus Gl. (5b) § 4

$$\frac{\varkappa - 1}{6}\frac{G}{G_0 c}\frac{ds}{s} = \frac{-dv}{v^2 + \frac{3 G_0 c}{G} v - 6 g h'} \quad . \; . \; . \; (1)$$

wofür wir mit den beiden Wurzeln v_1 und v_2 der Gleichung

$$v^2 + \frac{3 G_0 c}{G} - 6 g h' = (v - v_1)(v - v_2) = 0 \quad . \; . \; (2)$$

d. h.

$$\left.\begin{matrix} v_1 \\ v_2 \end{matrix}\right\} = -\frac{3}{2}\frac{G_0 c}{G} \pm \sqrt{\frac{9}{4}\frac{G_0^2 c^2}{G^2} + 6 g h'} \quad . \; . \; . \; (2\text{a})$$

sowie mit der Abkürzung

$$\frac{\varkappa - 1}{6}\frac{G}{G_0}\frac{v_1 - v_2}{c} = \mu_1 > 0 \quad . \; . \; . \; . \; (3)$$

schreiben dürfen

$$\mu_1 \frac{ds}{s} = \left(\frac{1}{v - v_2} - \frac{1}{v - v_1}\right) dv \quad . \; . \; . \; . \; (1\text{a})$$

Die Integration dieser Gleichung ergibt mit den unteren Grenzen s_1 und $v = 0$

$$\mu_1 \lg n \frac{s}{s_1} = \lg n \left(\frac{v - v_2}{v - v_1} \frac{v_1}{v_2}\right) \quad . \quad . \quad . \quad . \quad (4)$$

oder

$$v = v_1 v_2 \frac{s_1^{\mu_1} - s^{\mu_1}}{v_1 s_1^{\mu_1} - v_1 s^{\mu_1}} \quad . \quad . \quad . \quad . \quad . \quad (4a)$$

wonach

$$v = v_1 > 0 \text{ für } s = \infty$$
$$v = v_2 < 0 \text{ für } s = 0$$

die Wurzeln (2a) Grenzgeschwindigkeiten darstellen, welche allerdings weit außerhalb des Gültigkeitsbereiches von (4) liegen. Die obere Grenze ist vielmehr nach früherem durch $v = c$ für die Lage s_2 gegeben, die sich somit aus

$$\mu_1 \lg n \frac{s_2}{s_1} = \lg n \left(\frac{c - v_2}{c - v_1} \cdot \frac{v_1}{v_2}\right) \quad . \quad . \quad . \quad . \quad (4b)$$

berechnen läßt, während der zugehörige Übergangsdruck p_2 mit $x = 1$ und $v = c$ aus (11) oder (10) § 4 sich zu

$$p_2 = \mu \frac{G_0}{2 g F s_2} (c_0^2 - c^2) \quad . \quad . \quad . \quad . \quad . \quad (5)$$

ergibt.

Zur Ermittelung des höchsten Druckes p_m schreiben wir mit $x = v : c$ an Stelle von (11) § 4 für Blättchenpulver

$$\frac{2 g F}{G_0} p s = (\varkappa - 1) \left(\frac{G}{3 G_0 c} (6 g h' v - v^3) - v^2\right) . \quad . \quad (6)$$

und nach Differentiation

$$\frac{2 g F}{G_0} \left(s \frac{dp}{ds} + p\right) = (\varkappa - 1) \left(\frac{G}{G_0 c} (2 g h' - v^2) - 2 v\right) \frac{dv}{ds} \quad (6a)$$

Mit (8) und (8a) § 3 wird aber daraus für die dem Höchtdrucke p_m zugeordnete Geschoßgeschwindigkeit v_m

$$v_m^2 + 2 \frac{\varkappa}{\varkappa - 1} \frac{G_0}{G} c v_m = 2 g h' \quad . \quad . \quad . \quad . \quad (7)$$

mit der allein in Frage kommenden positiven Wurzel

$$v_m = - \frac{\varkappa}{\varkappa - 1} \frac{G_0}{G} c + \sqrt{\left(\frac{\varkappa}{\varkappa - 1}\right)^2 \frac{G_0^2 c^2}{G^2} + 2 g h'} \quad (7a)$$

deren Einführung in (4) und (6) die zugehörigen Werte von s_m und p_m liefert.

Da nun wegen der Bedeutung von c als Endgeschwindigkeit der Verbrennungsperiode, in die der Höchstdruck hineinfällt, $v_m < c$ sein muß, so besteht nach (7) die Bedingung

$$c^2 + 2 \frac{\varkappa}{\varkappa - 1} \frac{G^0}{G} c^2 > 2 g h' \quad . \quad . \quad . \quad . \quad (7\,b)$$

Anderseits ist aber auch die Mündungsgeschwindigkeit v_0 des Geschosses kleiner als die durch (15) § 4 festgelegte Grenzgeschwindigkeit c_0 für unendliche Rohrlänge, d. h.

$$\frac{6 G g h'}{G + 3 G_0} > v_0^2 \quad . \quad . \quad . \quad . \quad . \quad . \quad . \quad (7\,c)$$

Aus der Verbindung dieser beiden Ungleichungen folgt somit die Bedingung für das Gewichtsverhältnis der Ladung zum Geschoß

$$\frac{\varkappa}{\varkappa - 1} \frac{2 c^2}{2 g h' - c^2} > \frac{G}{G_0} > \frac{3 v_0^2}{6 g h' - v_0^2} \quad . \quad . \quad (8)$$

Schließlich sei noch bemerkt, daß sich aus dem Verhältnis der mit der kinetischen Mündungsenergie $G_0 v_0^2 : 2g$ des Geschosses übereinstimmenden Nutzarbeit zu Verbrennungsenergie Gh des Treibmittels der Wirkungsgrad der ganzen Schußvorrichtung zu

$$\eta = \frac{G_0 v_0^2}{2 g G h} = \frac{h'}{h} \cdot \frac{G_0 v_0^2}{2 g G h'} \quad . \quad . \quad . \quad . \quad . \quad (9)$$

also umgekehrt proportional dem Ladegewicht berechnet, worin $h' : h$ den Wirkungsgrad der Verbrennung mit Rücksicht auf die Wärmeverluste durch die Wandung bedeutet, während wir der Einfachheit halber von solchen Verlusten während der reinen Ausdehnung der Pulvergase abgesehen haben.

Beispielsweise sei ein Blättchenpulver von der Blattdicke $2 n_0 = 0{,}4$ mm und einer Verbrennungsgeschwindigkeit bei Atmosphärendruck von $a_0 = 0{,}196$ mm/sk gegeben, welches sonach im Freien gerade in $t_0 = 1$ Sek. vollständig verbrennt. Ein Infanteriegeschoß vom Gewichte $G_0 = 10$ g mit dem Rohrquerschnitt $F = 0{,}50$ qcm besitzt demnach eine Querschnittsbelastung von $G_0 : F = 20$ g/qcm $= 200$ kg/qm, womit sich nach (12) die Geschoßgeschwindigkeit im

Rohr bei gerade vollendeter Verbrennung zu

$$c = 500 \text{ m/sk}$$

ergibt. Die der Wärmetönung entsprechende Steighöhe des Pulvers sei $h = 400$ km $= 400000$ m, wovon indessen infolge der Wandungsverluste nur ein Betrag von $h' = 306000$ m zur Verfügung stehen möge, so daß wir

$$g h' = 3000000 \text{ qm/sk}^2$$

zu setzen haben. Verlangen wir nun eine Mündungsgeschwindigkeit

$$v_0 = 900 \text{ m/sk},$$

so lautet, wenn für die Verbrennungsgase erfahrungsgemäß

$$\varkappa = \frac{c_p}{c_v} = 1{,}2$$

gilt, die Bedingung (8)

$$0{,}6 > \frac{G}{G_0} > 0{,}14.$$

Wählen wir hiernach in ungefährer Übereinstimmung mit praktischen Verhältnissen

$$G = 0{,}3\,G_0,$$

so wird zunächst der Wirkungsgrad des Geschosses unter Vernachlässigung der sehr kleinen Rotationsenergie nach (9)

$$\eta = 0{,}338,$$

also von derselben Größe, wie in einer guten Ölmaschine. Mit den vorstehenden Werten berechnen sich weiterhin aus (15) § 4 die beiden Konstanten

$$\mu = 0{,}183, \quad c_0^2 = 1636000 \text{ qm/sk},$$

und ferner aus (2a)

$$v_1 = 2425 \text{ m/sk}, \quad v_2 = -7425 \text{ m/sk},$$

womit (3)

$$\mu_1 = 0{,}164$$

ergibt. Die dem Höchstdruck p_m zugehörige Geschwindigkeit berechnet sich mit unseren Zahlen aus Gl. (22), d. h.

$$v_m^2 + \frac{70000}{3} v_m = 6000000$$

zu

$$v_m = 254{,}3 \text{ m/sk}, \quad v^2 = 64670 \text{ qm/sk}^2,$$

womit aus (4) das Abstandsverhältnis

$$\frac{s_m}{s_1} = 2{,}41$$

folgt. Aus derselben Gl. (4) erhalten wir für die Grenze s_2 der Verbrennung bzw. den Anfang der reinen Ausdehnung mit $c = 500$ m/sk

$$\frac{s_2}{s_1} = 6{,}026,$$

während für die ganze Rohrlänge s_0 Gl. (14b) § 4 mit $v = v_0 = 900$ m/sk heranzuziehen ist. Damit wird

$$\frac{s_0}{s_2} = 16{,}88.$$

Setzen wir nun in dem für die Gasentwicklung verfügbaren Teil Fs_1 des Laderaums, der sich aus dessen Gesamtinhalt durch Abzug des Kovolumens der ganzen Pulverladung ergibt,

$$s_1 = 20 \text{ mm} = 0{,}02 \text{ m},$$

so wird

$$s = 48{,}2, \quad s_2 = 120{,}5, \quad s_0 = 813 \text{ mm}.$$

Mit diesen Längen berechnet sich zunächst aus (7a) § 4 der theoretische Explosionsdruck bei konstantem Volumen

$$p' = 15300 \text{ kg/qcm},$$

weiterhin aus (6) mit s_m und v_m der wirkliche Höchstdruck

$$p = 2990 \text{ kg/qcm},$$

und schließlich aus (15) § 4 mit $v = c$ und s_2 der Enddruck der Verbrennung

$$p_2 = 2150 \text{ kg/qm},$$

sowie mit v_0 und s_0 der Mündungsdruck

$$p_0' = 190 \text{ kg/qcm}.$$

Es bietet natürlich gar keine Schwierigkeiten, mit Hilfe unserer Gleichungen für die Verbrennung im Rohr und die anschließende reine Ausdehnung beliebige Zwischenwerte zu ermitteln, wobei man stets von der Geschwindigkeit auszugehen hat. Die Vereinigung aller dieser Werte ergibt dann die in Abb. 7 zusammengestellten Linienzüge für den Pulverdruck und die Geschoßgeschwindigkeit. Letzterer erscheint im Rohr nahezu als Parabel höherer Ordnung, nähert sich aber außerhalb des Rohres asymptotisch der durch Gl. (15) gegebenen Grenzgeschwindigkeit c_0. Die Berechnung der

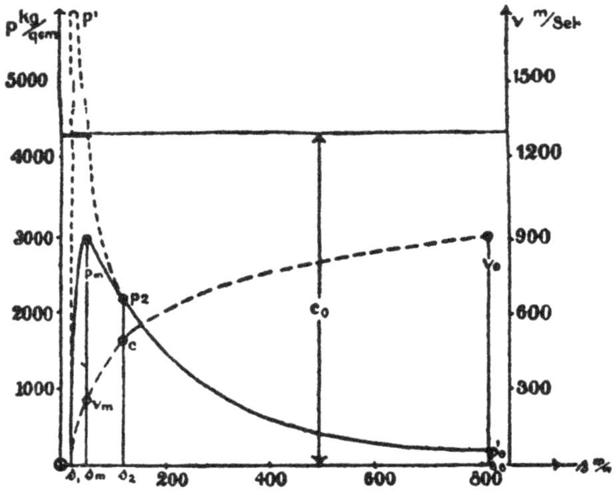

Abb. 7.
Pulverdruck- und Geschwindigkeitskurve im Gewehrlauf.

Dauer der Geschoßbewegung im Rohr nach der Formel

$$t = \int_{s_1}^{s_0} \frac{ds}{v}$$

läßt sich wegen der unbequemen Ausdrücke für die Geschwindigkeit analytisch kaum durchführen. Dagegen gelangt man leicht durch Zerlegung der ganzen Rohrlänge in beliebige Abteilungen Δs mit den zugehörigen Mittelwerten v' der Geschwindigkeit, die man unmittelbar der Abbildung entnehmen kann, zum Ziel, indem man die Summe

$$t = \Sigma \frac{\Delta s}{v'}$$

bildet. In unserem Falle erhält man auf diese Weise $t = 1{,}3 \cdot 10^{-3}$ Sek., während die Überschlagsrechnung für gleichförmige Beschleunigung, der als Geschwindigkeitskurve eine gewöhnliche Parabel entspricht, dafür $1{,}8 \cdot 10^{-3}$ ergeben würde.

§ 6.

Näherungsrechnung für alle Pulversorten.

Führen wir den Verbrennungsanteil Gl. (13b) § 4 des Blättchenpulvers I, Stabpulvers II und des Würfelpulvers III

$$x = \frac{v}{c}, \qquad 2\frac{v}{c} - \frac{v^2}{c^2}, \qquad 3\frac{v}{c} - 3\frac{v^2}{c^2} + \frac{v^3}{c^3} \quad . \; . \; . \quad (1)$$

in die Formeln (5b) und (11) § 4 bzw. deren Vereinigung

$$\frac{Fg}{G_0} p s = s v \frac{dv}{ds} = (\varkappa - 1)\left(\frac{xG}{3G_0}(6gh' - v^2) - v^2\right) \quad . \quad (2)$$

ein, so ergeben sich für die vorwiegend als Geschütztreibmittel verwendeten Pulversorten II und III rechts Ausdrücke vierten und fünften Grades in v, deren weitere Behandlung sich sehr umständlich und wenig übersichtlich gestaltet. Zu einer Vereinfachung gelangt man durch die Überlegung, daß während der Verbrennung nicht nur $v < c$, sondern auch v^2 absolut klein gegen das mit gh' behaftete Glied ausfällt. Beschränken wir uns demnach für das Blättchenpulver in Einklang mit der ersten Formel (1) auf Glieder mit der ersten Potenz von v, so haben wir für (2) kurz

$$\frac{Fg}{G_0} p s = s v \frac{dv}{ds} = (\varkappa - 1)\frac{G}{G_0}\frac{v}{c} g h' \quad . \; . \; . \quad (2a)$$

zu schreiben. Daraus folgt

$$\frac{Fg}{G_0}\left(s\frac{dp}{ds} + p\right) = \frac{Fg}{G_0} s \frac{dp}{ds} + v\frac{dv}{ds} = (\varkappa - 1)\frac{G}{G_0}\frac{gh'}{c}\frac{dv}{ds}$$

mithin für den Höchstwert des Druckes p_m

$$v_m = (\varkappa - 1)\frac{G}{G_0}\frac{gh'}{c} \quad . \; . \; . \; . \; . \; . \; . \quad (3)$$

während die Integration von (2a) über v mit der unteren Grenze $v = 0$, $s_1 = 1$,

$$v = (\varkappa - 1)\frac{G}{G_0}\frac{g h'}{c}\lg n\frac{s}{s_1} \quad . \quad . \quad . \quad . \quad . \quad (4)$$

ergibt. Setzt man hierin für den Höchstdruck $v = v_m$ und $s = s_m$, so liefert die Verbindung von (3) und (4)

$$\lg n\frac{s_m}{s_1} = 1, \quad \frac{s_m}{s_1} = e = 2{,}72 \quad . \quad . \quad . \quad . \quad . \quad (5)$$

während sich der Höchstdruck selbst durch Einsetzen in (2a) zu

$$p_m = \left((\varkappa - 1)\frac{G}{G_0}\frac{h'}{c}\right)^2 \frac{G_0 g}{F s_1 e} \quad . \quad . \quad . \quad . \quad . \quad (6)$$

berechnet. Wir erhalten also angenähert ein von den Pulvereigenschaften unabhängiges Verhältnis der Lage s_m des Druckmaximums zur Länge s_1 des freien Laderaumes, während die zugehörige Geschwindigkeit mit $h' : c$, und der Höchstdruck selbst mit dem Quadrate dieses Verhältnisses der Steighöhe zur Geschoßgeschwindigkeit am Ende der Verbrennung wächst.

Da nun mit der Steigerung der Kaliber im allgemeinen auch die Querschnittsbelastung $G_0 : F$ wächst, so muß man zur Vermeidung unzulässiger Höchstdrücke p_m die Laderaumlänge s_1 entsprechend vergrößern, womit für gleiche Endgeschwindigkeit v_0 nach § 4 eine proportionale Zunahme des dem Verbrennungsanteil zugehörigen Abstandes s_2 sowie nach Gl. (14b) § 4 der Rohrlänge s_0 selbst verbunden ist. Der Verzicht auf diese Verlängerung hat andernfalls eine geringere Mündungsgeschwindigkeit zur Folge, die man ohne eine Verschlechterung der Ausnutzung des Treibmittels auch durch eine Verminderung des Verhältnisses $G : G_0$ der Ladung zum Geschoßgewicht oder durch Vergrößerung von c, d. h. durch Verwendung langsamer abbrennenden Pulvers erzielen kann. Man übersieht leicht, daß diese Folgerungen für die Bemessung der Gewehre sowie der langen Flachbahngeschützrohre und der kurzen Mörser ausschlaggebend sind.

Mit den Werten $h' = 306000$ m, $\varkappa = 1{,}2$, $c = 500$ m/sk, $G : G_0 = 0{,}3$, $s_1 = 0{,}02$ m des Beispiels in § 4 für das Blättchenpulver ergeben die vorstehenden Näherungsformeln

$v_m = 300$ m/sk, $s_m = 0{,}054$ m, $p_m = 3380$ kg/qcm,

während wir früher

$$v_m = 254 \text{ m/sk}, \quad s_m = 0{,}048 \text{ m}, \quad p_m = 2910 \text{ kg/qcm}$$

fanden. Die Näherungswerte sind demnach sämtlich zu groß, was sich aus der Vernachlässigung der kinetischen Energie auf der rechten Seite der Gl. (2a) gegenüber (2) zwanglos erklärt. Immerhin bleiben die Unterschiede in solchen Grenzen, daß man die vorstehende Annäherung für grobe Überschlagsrechnungen als recht brauchbar bezeichnen kann.

Für die anderen Pulversorten erscheint mit Rücksicht auf die zugehörigen Ausdrücke (1) für den Verbrennungsanteil die Beschränkung auf das in v lineare Glied als unzureichend, so daß man sich hierbei mit der Unterdrückung der vierten und höheren Potenzen von v begnügen muß.

So erhält man für das Stabpulver nach Unterdrückung des Gliedes mit v^4

$$\frac{Fg}{G_0} ps = sv\frac{dv}{ds} = \frac{\varkappa - 1}{2}\left[\frac{2G}{3G_0}\frac{v}{c}(6gh' - v^2) - \left(\frac{G}{G_0}\frac{2gh'}{c^2} + 1\right)v^2\right] \quad (7)$$

also

$$(\varkappa - 1)\frac{G}{3G_0}\frac{ds}{s} = \frac{-dv}{v^2 + 3\left(\frac{gh'}{c} + \frac{G_0 c}{2G}\right)v - 6gh'} \quad . \quad (7\text{a})$$

Diese Differentialgleichung stimmt aber formal durchaus mit der für das Blättchenpulver am Eingang des § 5 angeschriebenen überein, so daß wir nach Zerlegung des Nenners in

$$v^2 + 3\left(\frac{gh'}{c} + \frac{G_0 c}{2G}\right)v - 6gh' = (v - v_1)(v - v_2) \quad (7\text{b})$$

mit der Abkürzung

$$\frac{\varkappa - 1}{3}\frac{G}{G_0}\frac{v_1 - v_2}{c} = \mu_2 > 0 \quad (8)$$

durch Integration mit der unteren Grenze s_1 und $v = 0$ analog Gl. (4) § 4

$$\mu_2 \lg n \frac{s}{s_1} = \lg n\left(\frac{v - v_2}{v - v_1}\frac{v_1}{v_2}\right) \quad . \quad . \quad . \quad . \quad . \quad (9)$$

im Bereiche

$$0 < v < c$$

erhalten. Zur Ermittelung des Höchstdruckes differenzieren wir (7) nach s

$$\frac{gF}{G_0}\left(s\frac{dp}{ds}+p\right)=\frac{gF}{G_0}s\frac{dp}{ds}+v\frac{dv}{ds}$$

$$=(\varkappa-1)\left[\frac{G}{G_0 c}(2gh'-v^2-\left(\frac{2G}{G_0}\frac{gh'}{c^2}+1\right)v\right]\frac{dv}{ds}\ . \quad (7\,\mathrm{c})$$

woraus mit $dp:ds=0$ für die dem Höchstdrucke p_m zugeordnete Geschwindigkeit v_m die Gleichung

$$v_m^2+\left(\frac{2gh'}{c^2}+\frac{\varkappa}{\varkappa-1}\frac{G_0}{G}\right)c\,v_m=2gh' \quad . \; . \; (10)$$

folgt. Die Einführung dieses Wertes in (8) liefert dann das zugehörige Abstandsverhältnis $s_m:s_1$, während sich mit $v=c$ aus derselben Gl. (8) das Verhältnis $s_2:s_1$ für den Abschluß der Verbrennung ergibt.

Für das Verhältnis $G:G_0$ der Ladung zum Geschoßgewicht besteht im Falle des Stabpulvers allerdings keine obere Grenze wie beim Blättchenpulver, da die mit $v<c$ aus (9) hervorgehende Ungleichung für alle Werte von $G:G_0$ erfüllt wird, während die untere Grenze nach Gl. (7c) § 5 durch die Mündungsgeschwindigkeit festgelegt ist.

Wir wenden uns schließlich zum Würfelpulver und erhalten durch Einsetzen des zugehörigen Verbrennungsanteils x aus (1) in (2) unter gleichzeitiger Ordnung der rechten Seite nach Potenzen der Geschwindigkeit, sowie Vernachlässigung der kleinen Terme mit v^4 und v^5

$$\frac{Fg}{G_0}ps=sv\frac{dv}{ds}=\frac{\varkappa-1}{2}\frac{G}{G_0 c}\left[6gh'c-\left(\frac{6gh'}{c^2}+\frac{G_0}{G}\right)c\,v^2\right.$$
$$\left.+\left(\frac{2gh'}{c^2}+1\right)v^3\right] \quad . \; . \; (11)$$

Hierin sind aber auch die Glieder

$$\frac{G_0}{G} \text{ sehr klein gegen } \frac{6gh'}{c^2}$$

$$1 \quad » \quad » \quad » \quad \frac{2gh'}{c^2},$$

so daß wir für das Würfelpulver noch einfacher

$$\frac{Fg}{G_0} p s = s v \frac{dv}{ds} = (\varkappa - 1) \frac{G}{G_0} g h' \left(s \frac{v}{c} - 3 \frac{v^2}{c^2} + \frac{v^3}{c^3}\right) \quad (11\,\mathrm{a})$$

schreiben dürfen. Es läuft dies offenbar auf eine Vernachlässigung der gegen $6\,gh'$ kleinen Glieder mit v^2 in der Grundformel (2) hinaus, von der wir schon bei der Näherungsrechnung für das Blättchenpulver am Eingang dieses Abschnittes Gebrauch machten. Mit der Abkürzung

$$(\varkappa - 1) \frac{G}{G_0} \frac{g h'}{c^2} \frac{\sqrt{3}}{2} = \mu_3 > 0 \quad . \quad . \quad . \quad (12)$$

haben wir auch an Stelle von (11a)

$$\mu_3 \frac{ds}{s} = \frac{d\left(\frac{2v}{c\sqrt{3}}\right) - \sqrt{3}}{1 + \left(\frac{2v}{c\sqrt{3}} - \sqrt{3}\right)^2} \quad . \quad . \quad . \quad . \quad (11\,\mathrm{b})$$

mit dem Integrale

$$\mu_3 \operatorname{lgn} \frac{s}{s_1} = \operatorname{arc\,tg}\left(\frac{2v}{c\sqrt{3}} - \sqrt{3}\right) + \operatorname{arc\,tg}\sqrt{3} \quad . \quad . \quad (13)$$

oder wegen $\operatorname{tg}\frac{\pi}{3} = \sqrt{3}$

$$\mu_3 \operatorname{lgn} \frac{s}{s_1} = \operatorname{arc\,tg}\left(\frac{2v}{c\sqrt{3}} - \sqrt{3}\right) + \frac{\pi}{3} \quad . \quad . \quad . \quad (13\,\mathrm{a})$$

Für das Ende der Verbrennung mit der Abszisse s_2 und $v = c$ wird daraus wegen

$$\operatorname{tg}\left(\frac{\pi}{2} + \frac{\pi}{3}\right) = -\frac{1}{\sqrt{3}}$$

$$\mu_3 \operatorname{lgn} \frac{s_2}{s_1} = \frac{7}{6}\pi \quad . \quad . \quad . \quad . \quad . \quad . \quad (13\,\mathrm{b}).$$

Differenzieren wir Gl. (11a), so erhalten wir

$$\frac{gF}{G_0} s \frac{dp}{ds} + v \frac{dv}{ds} = (\varkappa - 1) \frac{G}{G_0} \frac{3 g h'}{c} \left(1 - \frac{2v}{c} + \frac{v^2}{c^2}\right) \frac{dv}{ds}$$

und mit $dp : ds = 0$ und Ordnung nach Potenzen für die Geschwindigkeit v_m bei Höchstdruck p_m

$$v_m^2 - \left(2 + \frac{1}{\varkappa - 1} \frac{G_0}{G} \frac{c^2}{3 g h'}\right) c\, v_m + c^2 = 0 \quad . \quad . \quad (14)$$

Von den beiden Wurzeln dieser Gleichung hat nach früherem nur diejenige einen Sinn, welche $< c$ ist, also ist mit der Abkürzung

$$\frac{1}{\varkappa - 1} \frac{G_0}{G} \frac{c^2}{6 g h'} = a < 1 \quad . \quad . \quad . \quad . \quad . \quad (15)$$

$$v_m = c\,(1 + a - \sqrt{2a + a^2}) \quad . \quad . \quad . \quad . \quad (14a)$$

Gl. (14) ist nun ebenso wie die entsprechende Formel (10) für das Stabpulver durch $v_m = c$ nicht erfüllbar, während dies für Gl. (7) § 5 des Blättchenpulvers bei geeigneter Wahl des Verhältnisses $G : G_0$ zutrifft. Daraus folgt aber, daß der durch Abb. 6 dargestellte Zusammenfall des Höchstdruckes mit dem Ende der Verbrennung nur beim Blättchenpulver eintreten kann, für welches im Gegensatz zum Stab- und Würfelpulver darum auch eine obere Grenze für das Verhältnis $G : G_0$, besteht.

II. Die Schußwirkung auf die Schießgeräte.

§ 7.

Die Rückwirkung auf starre Schußvorrichtungen.

Wird das Rohr während des Abfeuerns festgehalten, d. h. gegen den Erdboden starr abgestützt, so muß die Stützvorrichtung in jedem Augenblicke den gesamten Pulverdruck aufnehmen und auf den Erdboden übertragen. Der Höchstwert dieses Pulverdruckes erreicht aber nach Abb. 1 leicht das Doppelte des Mittelwertes und kann unter Umständen auch auf das Dreifache ansteigen. Jedenfalls muß man mit Höchstdrücken von 3500 bis 4000 kg/qcm rechnen, denen insbesondere bei größeren Kalibern (Rohrdurchmessern) ganz außerordentlich hohe Kräfte entsprechen. Hierdurch aber werden die festen Verbindungen des Rohres mit dem bei Geschützen als Lafette bezeichneten Rohrträger und dieser selbst leicht in unzulässiger Weise beansprucht, also in ihrer Haltbarkeit gefährdet. So muß nach dem früheren Beispiel einer Feldkanone bei einer mittleren Treibkraft von rd. 60000 kg mit einem Höchstwert von etwa 120000 kg gerechnet werden, der vom sog. Schildzapfen am Rohr aufzunehmen und auf die Lafette zu übertragen ist. In Wirklichkeit wird die darin liegende Gefahr dadurch etwas herabgemindert, daß infolge der Federung der niemals ganz starren Verbindungen gegenseitige Verschiebungen und Schwingungen eintreten, die einen Teil der Treibkraft aufnehmen. Gleichzeitig gibt auch der zum Festhalten der Lafette in den Erdboden eingetriebene Sporn etwas nach und läßt einen, wenn auch nur kurzen Rücklauf des ganzen Geschützes zu, der wiederum die Lafette entlastet, allerdings aber auch eine Neueinstellung des Rohres für den nächsten Schuß bedingt.

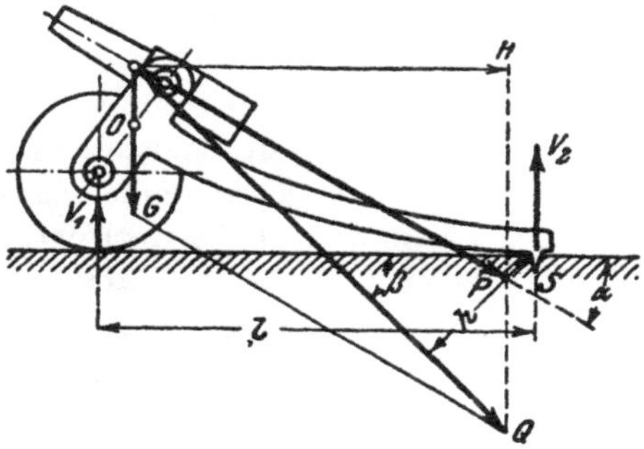

Abb. 8.
Kräftespiel beim Steilfeuergeschütz.

Dieser Fall liegt z. B. vor bei dem in Abb. 8 dargestellten Steilfeuergeschütz, bei dem der Pulverdruck P bei einer Neigung α des Rohres, welche gewöhnlich als Erhebung (Elevation) bezeichnet wird, sich mit dem im Schwerpunkt O angreifenden Geschützgewichte G zu einer Resultanten Q zusammensetzt, welche ihrerseits die Neigung β gegen die Wagerechte hat. Die hierdurch entstehende gesamte Vertikalbelastung

$$Q \sin \beta = P \sin \alpha + G \quad . \quad . \quad . \quad . \quad . \quad . \quad (1)$$

verteilt sich sowohl auf das Rad als auch auf den Lafettensporn S, während der Horizontalschub

$$H = Q \cos \beta = P \cos \alpha \quad . \quad . \quad . \quad . \quad . \quad (2)$$

allein vom Sporn aufzunehmen ist. Bezeichnen wir schließlich noch das Lot vom Sporn auf die Resultante Q mit h, seinen Abstand vom Radstützpunkt mit l, so ergibt sich der

Stützdruck V_1 des Rades aus der Momentengleichung

$$V_1 l = Q h \quad . \quad . \quad . \quad . \quad . \quad . \quad . \quad . \quad (3)$$

während auf den Sporn die Vertikalkraft

$$V_2 = Q \sin\beta - V_1 = Q\left(\sin\beta - \frac{h}{l}\right) \quad . \quad . \quad . \quad . \quad (4)$$

entfällt. Beide haben naturgemäß ein gewisses Eindringen in den Boden und damit eine erhöhte Standfestigkeit gegen die Wirkung des Horizontalschubes zur Folge. Wäre der Sporn nicht vorhanden, so könnte, abgesehen von der geringfügigen Reibung, der Horizontalschub überhaupt nicht aufgenommen werden. Alsdann würde das Geschütz als Ganzes einen Rücklauf vollziehen, der sich aus dem Satze von Wirkung und Gegenwirkung leicht ermitteln läßt. Ist nämlich v die augenblickliche Geschwindigkeit des Geschosses vom Gewichte G_0, so bestimmt sich die Horizontalgeschwindigkeit u des Geschützes vom Gewichte G aus

$$G_0 v \cos a + G u = 0 \quad . \quad . \quad . \quad . \quad . \quad . \quad (5)$$

Da in diesem Falle auch der Gesamtschwerpunkt von Geschütz und Geschoß seine Lage während des Abfeuerns nicht ändert, so folgt bei einem Geschoßweg s_0 im Rohr die Horizontalverschiebung y_0 des Geschützes aus der analogen Formel

$$G_0 s_0 \cos a + G y_0 = 0 \quad . \quad . \quad . \quad . \quad . \quad . \quad (5a)$$

Wird demnach ein Geschoß von $G_0 = 16$ kg aus einem Geschütz von $G = 2200$ kg Gewicht mit $s_0 = 3$ m Seelenlänge und der Mündungsgeschwindigkeit von $v_0 = 600$ m/sk unter der Erhebung $a = 30^0$ abgefeuert, so verschiebt sich das durch keinen Sporn festgehaltene Geschütz während des Abfeuerns um

$$y_0 = -\frac{G_0}{G} s_0 \cos a = -\frac{16}{2200} \cdot 3 \cdot 0{,}866 = -0{,}018\,\mathrm{m} = -1{,}8\,\mathrm{cm}$$

und nimmt auf diesem kleinen Wege die Horizontalgeschwindigkeit

$$u_0 = -\frac{G_0}{G} v_0 \cos a = -\frac{16}{2200}\, 600 \cdot 0{,}866 = -4{,}17\,\mathrm{m/sk}$$

nach rückwärts an. Mit dieser Geschwindigkeit würde das Geschütz, nachdem das Geschoß das Rohr verlassen hat, weiter laufen, wenn kein Widerstand, wie z. B. die Bodenreibung, diese Bewegung hemmen würde.

Aus Abb. 8 erkennt man weiterhin daß bei geringerer Neigung des Rohres der Hebelarm h der Resultante Q immer mehr abnimmt. Geht die Resultante gerade durch den

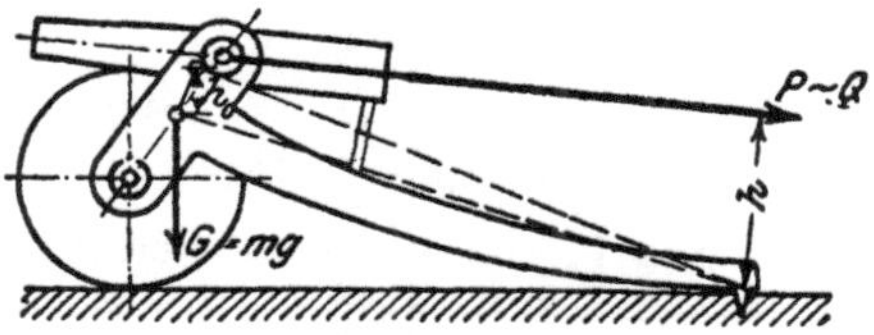

Abb. 9.
Kräftespiel beim Flachschuß.

Sporn, so verschwindet mit dem Hebelarm h auch der Raddruck V_1. Wird bei noch flacherer Rohrlage, wie in Abb. 9, der Hebelarm h negativ, so müßte, um das Gleichgewicht aufrecht zu erhalten, das Rad im Boden verankert werden, was wohl nur ausnahmsweise geschehen dürfte. Vielmehr tritt in diesem Falle eine Drehung des Geschützes um den Sporn ein, die man als Bocken bezeichnet. Ist ω die vom Geschütz angenommene Winkelgeschwindigkeit um den Sporn als Drehpol und k der Trägheitshalbmesser der Geschützmasse m in bezug auf denselben Punkt, so besteht die Momentengleichung

$$Q h = m k^2 \frac{d\omega}{dt} \quad . \; . \; . \; . \; . \; . \quad (6)$$

in der wir für eine Überschlagsrechnung genügend genau die Resultante Q mit dem Pulverdruck P unter Vernachlässigung des dagegen kleinen Geschützgewichtes G verwechseln dürfen. Der Pulverdruck beschleunigt ferner die Geschoßmasse m_0 nach der Formel

$$P = Q = m_0 \frac{dv}{dt} \quad . \; . \; . \; . \; . \; . \quad (7)$$

so daß wir aus den beiden Formeln

$$m_0 h\, dv = m k^2 d\omega \quad . \; . \; . \; . \; . \; . \quad (8)$$

oder im Augenblicke des Geschoßaustrittes mit der Mündungsgeschwindigkeit v_0

$$m_0 h\, v_0 = m k^2 \omega_0 \quad . \; . \; . \; . \; . \; . \quad (8a)$$

erhalten. Der hierdurch bestimmten Winkelgeschwindigkeit des Geschützes entspricht eine kinetische Energie $m k^2 \frac{\omega_0^2}{2}$, die gerade aufgezehrt wird durch eine Erhebung des Geschützschwerpunktes um die Höhe h_0, so zwar, daß

$$m k^2 \frac{\omega_0^2}{2} = m g h_0$$

oder

$$k^2 \omega_0^2 = 2 g h_0 \quad \ldots \ldots \ldots \quad (9)$$

ist. Führen wir dies in die vorige Gleichung ein, so folgt

$$m_0 h v_0 = m k \sqrt{2 g h_0}$$

oder

$$h_0 = \frac{m_0^2 h^2 v_0^2}{2 g m^2 k^2} = \frac{G_0^2 h^2 v_0^2}{2 g G^2 k^2} \quad \ldots \ldots \quad (9a)$$

Mit unsern obigen Werten $G_0 = 16$ kg, $G = 2200$ kg, $v_0 = 600$ m/sk und einem Trägheitshalbmesser von $k = 3{,}2$ m ergibt dies bei einem Hebelarm des Pulverdruckes $h = 1$ m, der nahezu dem Horizontalschuß entspricht, eine Schwerpunktserhebung von

$$h_0 = \frac{16^2 \cdot 1 \cdot 600^2}{2 \cdot 9{,}81 \cdot 2200^2 \cdot 3{,}2^2} = 0{,}095 \text{ m} = 9{,}5 \text{ cm}.$$

Von dieser Höhe fällt der Geschützschwerpunkt nachher wieder herab, was naturgemäß mit beträchtlichen Materialbeanspruchungen und einer unerwünschten Störung der Rohreinstellung begleitet ist.

Der Rückstoß des fast immer nahezu wagerecht abgefeuerten Gewehres ist bei einem dem obigen Beispiel entsprechenden mittleren Pulverdruck von 516 kg schon hinreichend, um einen kräftigen Mann umzuwerfen. Wenn dies in Wirklichkeit nicht geschieht, so liegt dies daran, daß der Rückstoß nur zum kleinsten Teile, und da allerdings noch unangenehm genug als Druck auf den Körper des Schützen zur Geltung kommt, während er sich in der Hauptsache in rückwärtige Geschwindigkeit des Rohres umsetzt. Bei einem Geschoßgewicht $G_0 = 0{,}01$ kg und einer Mündungsgeschwindigkeit $v_0 = 900$ m/sk nimmt das Gewehr von $G = 4$ kg eine rückwärtige Geschwindigkeit

$$u_0 = \frac{G_0 v_0}{G} = 2{,}25 \text{ m/sk}$$

an und verschiebt sich dabei, wenn die Lauflänge $s_0 = 0{,}8$ m beträgt, um den kurzen Weg von

$$y_0 = \frac{G_0 s_0}{G} = 0{,}002 \text{ m} = 0{,}2 \text{ cm}.$$

Dieser Vorgang geht bei der Nachgiebigkeit der ganzen durch den Körper gebildeten Stützvorrichtung nahezu ungehindert vonstatten. Erst nachdem die vorstehende Geschwindigkeit in etwa $^{18}/_{10000}$ sk erreicht ist, setzt der Widerstand des Körpers ein, der dabei etwas zurückgebogen wird und nach Aufnahme der kinetischen Energie des Gewehres im Betrage von

$$L = \frac{G}{2g} u_0^2 = P_m y_0 = 1{,}03 \text{ mkg}$$

wieder in seine ursprüngliche Lage zurückkehrt. Infolge der Geringfügigkeit dieses Energiebetrages paßt sich der Körper des Schützen nach kurzer Übung dem Rückstoßvorgange an, ohne daß daraus praktische Schwierigkeiten erwachsen.

§ 8.

Der Rohrrücklauf auf Rahmen- und Verschwindlafetten.

Im vorigen Abschnitt haben wir gesehen, daß die Standfestigkeit eines Geschützes mit starrer Verbindung zwischen Rohr und Lafette nur bei Steilfeuer gesichert ist. Dabei muß der ganze Rückdruck von der Lafette aufgenommen werden, in der infolgedessen sehr leicht praktisch unzulässige Beanspruchungen auftreten. Beim Flachschuß ist demgegenüber ein »Bocken« des ganzen Geschützes unvermeidlich, wenn man nicht die Räder im Boden fest verankern kann. Alle diese Übelstände können beseitigt werden durch Herabziehung des Rückdruckes selbst, den das Rohr auf die Stützvorrichtung ausübt. Das ist aber nur durchführbar, wenn dem Rohr entgegen der Schußrichtung die Möglichkeit einer Bewegung bei festgehaltener Lafette geboten wird.

Es liegt nun nahe, in unmittelbarer Anknüpfung an das Bocken des Geschützes dem Rohr allein einen Rücklauf mit gleichzeitiger Schwerpunkterhöhung auf einer geneigten Gleitbahn zu gewähren, ein Gedanke, der in den sog. Rahmenlafetten[1]), Abb. 10, verwirklicht ist. Bei einem Erhebungswinkel α des Rohres und einer Neigung β der Gleitbahn gegen die Wagerechte ist der Winkel zwischen der Gleitrichtung und der Rohrachse $\alpha + \beta$. Ruht überdies das Rohr vom Gewicht G vermittelst Schildzapfen, deren Achse zweckmäßig durch seinen Schwerpunkt O hindurchgeht, auf dem Schlitten, so liefert die Zusammenfassung der Kräfte im Schwerpunkt eine Kraft in der Gleitrichtung

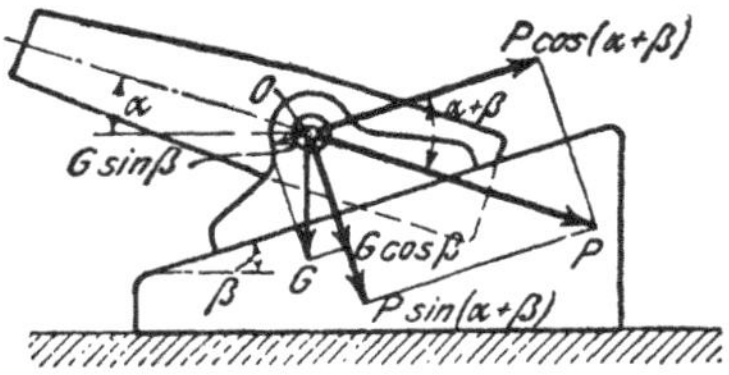

Abb. 10.
Rahmenlafette.

$$R = P \cos(\alpha + \beta) - G \sin \beta \quad . \quad . \quad . \quad . \quad . \quad (1)$$

und eine Normalkraft hierzu

$$N = P \sin(\alpha + \beta) + G \cos \beta \quad . \quad . \quad . \quad . \quad . \quad (2)$$

Von diesen Kräften kommt bei ungehindertem Gleiten des Schlittens nur die letztere als Belastung der Lafette in Betracht. In der Gleitrichtung dagegen kann man die Gewichtskomponente $G \sin \beta$ um so eher gegen die Komponente $P \cos(\alpha + \beta)$ des Pulverdruckes vernachlässigen, je kleiner der Erhebungswinkel α ist. Jedenfalls ist in diesem Falle während der kurzen Abfeuerungszeit

$$P \cos(\alpha + \beta) = m_0 \frac{dv}{dt} \cos(\alpha + \beta) = -m \frac{du}{dt} \quad . \quad (3)$$

---

[1]) Das erste derartige von Fürst Lichtenstein in der österreichischen Artillerie 1750 ausprobierte leichte Geschütz, dessen Modell sich im bayerischen Armeemuseum befindet, trug auf der Lafette zwei aufwärts gebogene Schienen, auf denen die Schildzapfen des Rohres hinaufliefen, während der Vorschub durch einen federnden Gurt bewirkt wurde. Vgl. O. Layriz, Altes und Neues aus der Kriegstechnik, Berlin 1908, S. 44.

wenn m_0, v die Masse und augenblickliche Geschwindigkeit des Geschosses sowie m, u die entsprechenden Größen des Rohres bedeuten. Daraus folgt aber für die Geschwindigkeiten beim Verlassen des Rohres

$$m_0 v_0 \cos(\alpha + \beta) = -m u_0 \quad \ldots\ldots \quad (3a)$$

und für die Erhebung h_0 des Rohrschwerpunktes auf der Gleitbahn

$$u_0^2 = 2 g h_0 \quad \ldots\ldots\ldots \quad (4)$$

also mit $m_0 g = G_0$ und $mg = G$

$$h_0 = \frac{G_0^2 v_0^2 \cos^2(\alpha + \beta)}{2 g G^2} \quad \ldots\ldots \quad (4a)$$

So erhalten wir z. B. bei einem Geschoßgewicht $G_0 =$ 16 kg, einem Rohrgewicht $G = 1000$ kg, einer Mündungsgeschwindigkeit $v_0 = 600$ m/sk, einem Gleitbahnwinkel $\beta = 10^0$ und einer Erhebung $\alpha = 20^0$ die Rücklaufgeschwindigkeit

$$u_0 = -\frac{G_0 v_0 \cos(\alpha + \beta)}{G} = -\frac{16 \cdot 600 \cdot 0{,}866}{1000} = -8{,}31 \text{ m/sk}$$

und eine Schwerpunktserhebung von

$$h_0 = \frac{v^2}{2g} = \frac{69{,}06}{2 \cdot 9{,}81} = 3{,}51 \text{ m},$$

also einen praktisch unmöglichen Wert, der eine wagerechte Gleitbahnlänge von mindestens

$$h_0 \operatorname{cotg} \beta = 3{,}51 \cdot 5{,}67 = 17{,}9 \text{ m}$$

voraussetzen würde.

Mithin bleibt nur übrig, durch Einschalten eines Widerstandes den Auslaufweg und damit auch die Schwerpunktserhebung zu verringern, wozu sich am besten sogenannte Bremszylinder, Abb. 11, eignen[1]), deren Kolben den Flüssigkeitsinhalt durch enge Kanäle von einer Seite nach der andern hinüberdrängen. Der Übertritt wird hierbei durch

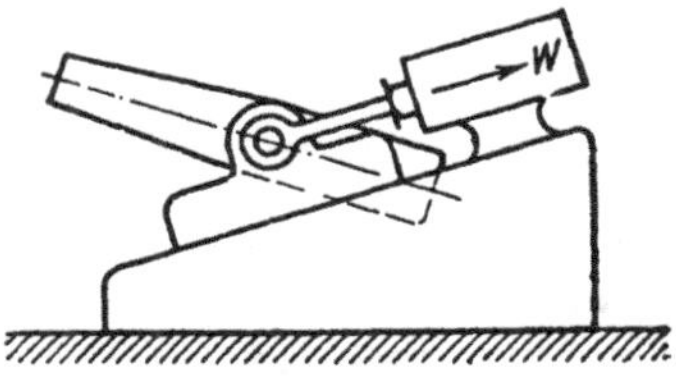

Abb. 11.
Rahmenlafette mit Bremszylinder.

[1]) Vgl. hierzu u. a. O. Krell jun., Hydraulische Rücklaufbremsen, Jahrb. d. Schiffbautechn. Gesellschaft 1908.

einen beträchtlichen Druckunterschied der beiden Kolbenseiten gegeneinander bedingt, welcher der Flüssigkeit eine große Geschwindigkeit erteilt. Diese ruft schließlich hohe Bewegungswiderstände hervor, unter deren Wirkung die gesamte kinetische Flüssigkeitsenergie in Wärme umgewandelt wird. Ist dann das Rohr mit dem damit verbundenen Bremskolben nach Durchlaufen eines zulässigen Auslaufweges zur Ruhe gelangt, so wird es durch sein Gewicht wieder zurückgeschoben, wobei natürlich ebenfalls Bewegungswiderstände im Bremszylinder überwunden werden.

Bezeichnen wir den Widerstand des Bremszylinders, der mit Rücksicht auf die gleichmäßige Beanspruchung des Materials tunlichst unverändert gehalten wird, mit W, den vorgelegten Auslaufweg mit y_1, so liefert die Arbeitsgleichung unter Beachtung der Hebung des Rohrschwerpunktes um $y_1 \sin \beta$

$$(W + G \sin \beta)\, y_1 = \frac{G u_0^2}{2g} \quad . \; . \; . \; . \; . \quad (5)$$

Da es sich hierbei um eine gleichförmig verzögerte Bewegung handelt, so ist die Rücklaufdauer

$$t_1 = \frac{2 y_1}{u_0} \quad . \; . \; . \; . \; . \; . \; . \; . \; . \quad (6)$$

Während des darauf folgenden Vorschubes sei der Widerstand W_1 und die Endgeschwindigkeit u_1, so daß hierfür gilt

$$(G \sin \beta - W_1)\, y_1 = \frac{G u_1^2}{2g} \quad . \; . \; . \; . \; . \quad (7)$$

Da nun der Widerstand bei ungeänderten Kanälen dem Quadrate der Wassergeschwindigkeit, diese aber der Kolbengeschwindigkeit proportional ist, so muß offenbar

$$\frac{W_1}{W} = \frac{u_1^2}{u_0^2} \quad . \; . \; . \; . \; . \; . \; . \; . \quad (8)$$

sein, damit aber geht Gl. (7) über in

$$y_1 G \sin \beta = \left(W y_1 + \frac{G u_0^2}{2g}\right) \frac{u_1^2}{u_0^2} \quad . \; . \; . \; . \quad (7a)$$

woraus sich die Endgeschwindigkeit u_1 des Vorschubes berechnet, die natürlich zur Vermeidung von Stößen schließlich wieder abgebremst werden muß.

Halten wir die Zahlen des obigen Beispieles fest, so ergibt sich mit einem Auslaufwege $y_1 = 1$ m aus Gl. (5)

$$W + G \sin \beta = 3510 \text{ kg},$$

also mit $\sin \beta = \sin 10^0 = 0,174$

$$W = 3510 - 174 = 3336 \text{ kg}.$$

Die Rücklaufzeit ist hierbei

$$t_1 = \frac{2\, y_1}{u_0} = \frac{2}{8,31} = 0,24 \text{ sk}.$$

Weiter folgt aus Gl. (7a) für den Vorschub

$$u_1 = 8,31 \sqrt{\frac{174}{6848} + \frac{8,31}{6,27}} = 1,32 \text{ m/sk}$$

mit einer Dauer von

$$t_2 = \frac{2\, y_1}{u_1} = 1,52 \text{ sk},$$

die allerdings durch einen schließlichen Bremsvorgang, der die Vorschubgeschwindigkeit u_1 zu vernichten hat, noch etwas erhöht wird.

Die Einschaltung des Bremszylinders hat natürlich zur Folge, daß während des Rücklaufes der Widerstand W von der Lafette aufgenommen werden muß, während bei freiem Auslauf in dieser Richtung keine Kraftkomponente auftrat. Schwerwiegender ist dagegen die Unmöglichkeit einer Verringerung der Normalkomponente $P \sin(\alpha + \beta)$ des Pulverdruckes während des Abfeuerns, die insbesondere bei größeren Erhebungswinkeln α und schwereren Kalibern Werte annimmt, welche die Widerstandsfähigkeit der Lafette und deren Unterbauten ernstlich gefährden. Dazu tritt infolge der zur Achsenrichtung geneigten Bewegung des Rohres eine Querverschiebung, deren Beschleunigungskomponente, wie wir noch sehen werden, eine Biegungsbeanspruchung des Rohres bedingt, welche ein Vielfaches der vom Eigengewicht herrührenden erreicht.

Dieselben Übelstände haften übrigens auch den sog. Verschwindlafetten[1]) an, bei denen das durch zwei Schwingen AB und CD geführte Rohr R im Rücklaufe eine Senkung erleidet, während gleichzeitig mit einem größeren Gegengewicht G_1 der Schwerpunkt der ganzen Vorrichtung gehoben wird. Der Drehpunkt B der ersten Schwinge ist stets fest gelagert, derjenige D der andern dagegen verstellbar, um das Richten des Rohres zu ermöglichen. Das Gegengewicht G_1 sitzt in der einfachsten Form von Howell unmittelbar auf der Fortsetzung der ersten Schwinge, Abb. 12, und erleidet so

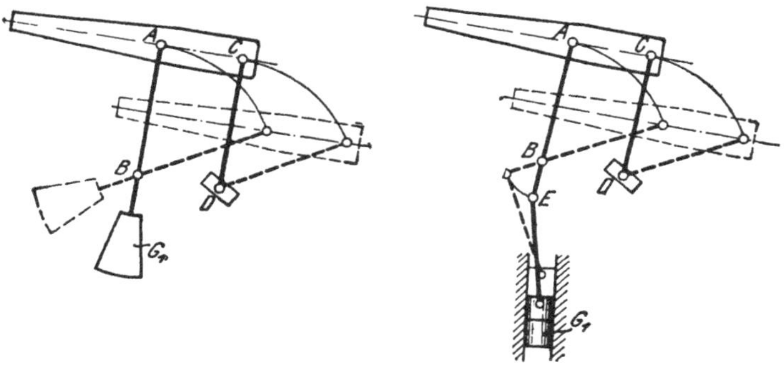

Abb. 12 und 13. Verschwindlafetten.

mit dem Rohre den ersten Stoß des Pulverdruckes in voller Stärke. Um die hiermit verbundene starke Biegungsbeanspruchung der Schwinge AB etwas herabzuziehen, hat Krupp das Gegengewicht vertikal geführt und durch eine Schubstange mit dem Ende E der ersten Schwinge verbunden, Abb. 13. Beide Ausführungen, denen noch manche andre hinzugefügt werden könnten, sind naturgemäß mit Bremszylindern ausgerüstet, deren Kolbenstange am bequemsten von einem Punkte der ersten Schwinge angetrieben wird.

1) Genaueres über diese Vorrichtungen und ihre Bewegungsverhältnisse enthält die Berliner Dissertation von Schwabach, Dynamische Theorie der Verschwindlafette und kinematische Schußtheorie, 1904.

Die Berechnung des Rücklaufes und des Vorschubes bietet, wenn man nur die gesamte Schwerpunktsänderung beachtet und alle Geschwindigkeiten in derjenigen des Rohres ausdrückt, nichts Neues gegenüber der Rahmenlafette und mag darum dem Leser überlassen bleiben.

§ 9.

Der Rohrrücklauf auf Wiegelafetten.

Die im letzten Abschnitt erwähnten Umstände haben zur Aufgabe der sog Rahmenlafette und zur allgemeinen Anwendung des von Ingenieur K. Haußner 1896 erfundenen Rohrrücklaufes in der Achsenrichtung selbst geführt. Da dieser Vorgang sich bei jedem Erhebungswinkel ungestört vollziehen soll, so muß die den Bremszylinder tragende Gleitbahn des Rohres selbst drehbar auf der Lafette angeordnet sein. Man bezeichnet sie darum wohl auch als eine Wiege und die damit ausgerüstete Stützvorrichtung als Wiegelafette.

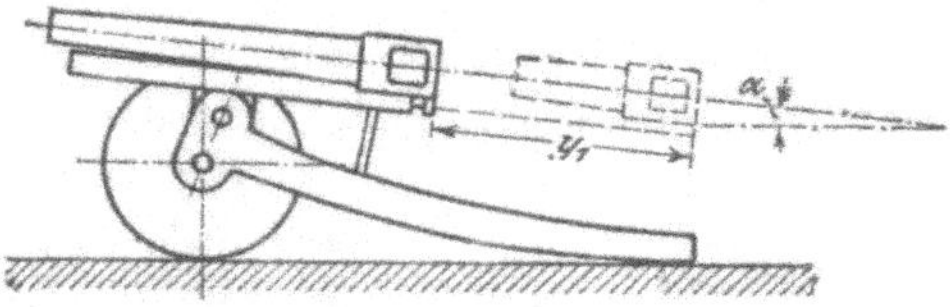

Abb. 14.
Feldgeschütz mit Wiegelafette.

In Abb. 14 ist ein derartiges Feldgeschütz in Umrissen gezeichnet, wobei die punktierten Linien das Rohr mit der

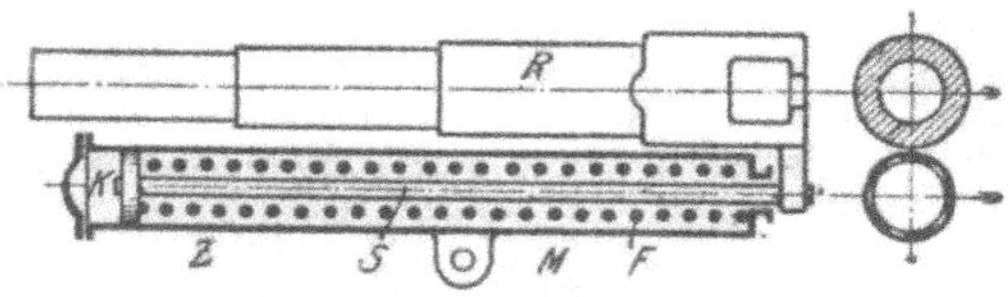

Abb. 15.
Rohr mit Rücklaufbremszylinder und Vorholfeder.

Bremskolbenstange in der äußersten Rücklaufstellung andeuten. Abb. 15 zeigt das Rohr R mit der darunter befindlichen Wiege *M*, die in der Hauptsache aus dem mit Flüssigkeit gefüllten Bremszylinder *Z* besteht, in dem der Kolben *K* vermittelst der mit dem Rohr fest verbundenen Kolbenstange *S* verschiebbar ist. Der Einfachheit halber ist als Vorrichtung für den Rohrvorschub eine Feder *F* unmittelbar in den Bremszylinder hineingezeichnet. Der Übertritt der Bremsflüssigkeit von einer Kolbenseite zur andern wird entweder durch Löcher im Kolben selbst oder durch Längsnuten in der Zylinderwand vermittelt, Abb. 15, die auf Grund von Versuchen in der Längsrichtung eine derart veränderliche Tiefe erhalten, daß der Bremswiderstand nahezu unverändert bleibt. Es sei bemerkt, daß man natürlich auch den Kolben mit der Stange festhalten und den Bremszylinder mit dem rückwärts gleitenden Rohr starr verbinden kann. An Stelle der Feder kann man, wie in den französischen Feldgeschützen, auch einen besondern Vorholzylinder anordnen, in welchem beim Rücklauf atmosphärische Luft verdichtet wird, die danach durch ihre Ausdehnungsarbeit den Vorschub bewirkt. Die Schwierigkeit der dauernden Abdichtung dieser Druckluft hat man durch Verwendung des Bremszylinderinhaltes als Sperrflüssigkeit sinnreich vermieden (vgl. Abb. 18).

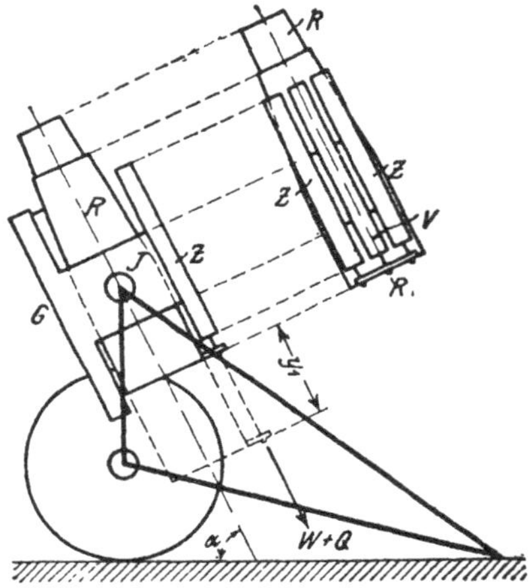

Abb. 16.
Lafette mit Brems- und Vorholzylindern.

Bei großen Kalibern und beschränktem Rücklaufweg y_1, wie z. B. bei Mörsern und Schiffskanonen, wird es notwendig, den Bremswiderstand auf mehrere Zylinder *Z* zu verteilen, Abb. 16, die dann häufig oberhalb des Rohres mit dem getrennten Vorholzylinder *V* an einer als »Jacke« bezeichneten Muffe *J* befestigt sind, die das Rohr *R* umgibt und unten mit dessen Gleitbahn *G* verbunden ist. Durch diese Anordnung erreicht man, daß die Schildzapfen mitten durch die Rohrachse gehen und außerdem senkrecht über der Radachse liegen, die sonach das ganze Rohr- und Wiegengewicht trägt. Die Zahl derartiger, allen Sonderzwecken angepaßter Bauarten ist ziemlich groß, ebenso die Mannigfaltigkeit der Einrichtung der Bremszylinder selbst, deren Besprechung weit über den Rahmen unserer Darstellung hinausgeht. Es sei hier nur noch erwähnt, daß bei neueren Selbstlade-Handfeuerwaffen der durch die Vorholfeder gestützte Rohrverschluß den Rücklauf vollzieht, wodurch Raum für den Ausstoß der Ladehülse und für den Nachschub des neuen Geschosses gewonnen wird.

Der wesentliche Unterschied zwischen den Rohrrücklaufvorrichtungen und den Rahmenlafetten beruht in der Veränderlichkeit der Treibkraft der zum Vorschub nötigen Federn oder Luftkissen gegenüber dem unveränderlichen Rohrgewicht. In einem Federvorholer ist die Federkraft direkt proportional der Zusammendrückung. Wird nun die Feder beim Einbringen schon um die Länge c verkürzt, so übt sie auf den Kolben die Kraft

$$Q_0 = Cc \quad \dots \dots \dots \dots \quad (1)$$

aus, welche gerade das Rohrgewicht in der größten Erhebung α_1, nämlich $G \sin \alpha_1$ tragen muß. Also ist

$$Cc = G \sin \alpha_1 \quad \dots \dots \dots \quad (1a)$$

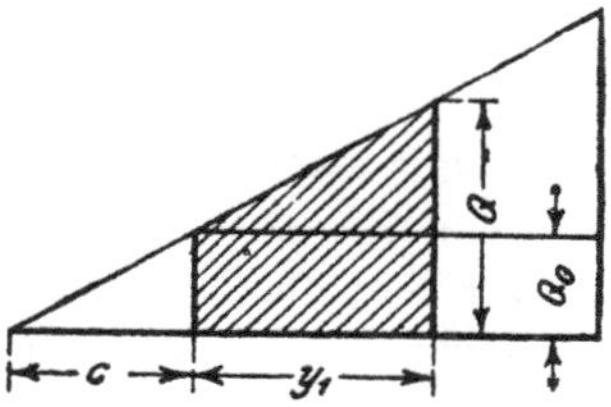

Abb. 17.
Arbeitsdiagramm des Federvorholers.

woraus sich bei bekannter Anfangszusammendrückung c die Konstante C bestimmt. Demnach ist die Federkraft bei einem Rücklaufweg y_1, Abb. 17,

$$Q = Q_0 + C y_1 = C(c + y_1) = \left(1 + \frac{y_1}{c}\right) G \sin \alpha_1 \quad . \quad (2)$$

und die durch die schraffierte Fläche in Abb. 17 gegebene Zusammendrückarbeit

$$L_1 = (Q + Q_0)\frac{y_1}{2} = \left(1 + \frac{y_1}{2c}\right) G y_1 \sin \alpha_1 \quad . \quad (2a)$$

Bei einer beliebigen Erhebung α haben wir demnach die Arbeitsgleichung

$$\left(1 + \frac{y_1}{2c}\right) G y_1 \sin \alpha_1 + W y_1 - G y_1 \sin \alpha = \frac{G u_0^2}{2g} \quad . \quad (3),$$

woraus sich wie oben der auch hier unveränderlich angenommene Bremswiderstand W berechnet. Für den Vorschub erhalten wir entsprechend mit dem Bremswiderstand W_1 und einer Endgeschwindigkeit u_1

$$\left(1 + \frac{y_1}{2c}\right) G y_1 \sin \alpha_1 - W_1 y_1 - G y_1 \sin \alpha = \frac{G u_1^2}{2g} \quad (4)$$

oder mit Rücksicht auf die auch hier näherungsweise zutreffende Beziehung (8) im vorigen Abschnitt zwischen W und W_1

$$\left[\left(1 + \frac{y_1}{2c}\right) \sin \alpha_1 - \sin \alpha\right] G y_1 = \left(W y_1 + \frac{G u_0^2}{2g}\right) \frac{u_1^2}{u_0^2} \quad (4a)$$

Die Zeiten für den Rücklauf und den Vorschub kann man wiederum hinreichend genau nach den Formeln

$$t_1 = \frac{2 y_1}{u_0}, \quad t_2 = \frac{2 y_1}{u_1} \quad . \; . \; . \; . \; . \quad (5)$$

berechnen, wenn man nur beachtet, daß die letztere Dauer durch eine kurze Abschlußbremsung von u_1 bis zum Stillstand noch etwas vergrößert wird.

Wie aus Abb. 16 hervorgeht, hat die Lafette nur noch die Kraft $W + Q$ am Bremszylinder aufzunehmen, die ersichtlich viel kleiner ausfällt als der Pulverdruck im Rohr. Hätten wir z. B. eine Feldhaubitze von 10,5 cm Kaliber, also 86,6 qcm Rohrquerschnitt, so würde bei einer Höchstpressung von 3000 kg/qcm der größte Pulverdruck $P_0 = 260\,000$ kg betragen, dem keine für diesen Fall passende Lafette widerstehen könnte. Bei einem Geschoßgewicht $G_0 = 16$ kg, einer Mündungsgeschwindigkeit $v_0 = 600$ m/sk und einem Rohrgewicht $G = 1000$ kg folgt die größte Rücklaufgeschwindig keit nach dem Abfeuern

$$u_0 = -\frac{G_0 v_0}{G} = -\frac{16 \cdot 600}{1000} = -9{,}6 \text{ m/sk}$$

mit einer kinetischen Energie der rücklaufenden Masse:

$$\frac{G u_0^2}{2g} = \frac{1000 \cdot 92{,}16}{2 \cdot 9{,}81} = 4696 \text{ mkg.}$$

Der größte Erhebungswinkel sei $\alpha_1 = 45^0$, also $\sin \alpha_1 = 0{,}707$, dann folgt bei einer Erhebung $\alpha = 20^0$, $\sin \alpha = 0{,}342$ und einem Rücklaufweg $y_1 = 1$ m bei einer anfänglichen Federzusammendrückung von $c = 0{,}25$ m aus Gl. (2a) die Federarbeit

$$(Q + Q_0)\frac{y_1}{2} = \left(1 + \frac{1}{2 \cdot 0{,}25}\right) 707 = 2121 \text{ mkg}$$

und aus Gl. (3) der Bremswiderstand

$$W = 2917 \text{ kg,}$$

zu dem noch die größte Federkraft nach Gl. (2)

$$Q = \left(1 + \frac{1}{0{,}25}\right) 707 = 3535 \text{ kg}$$

hinzukommt. Mithin ist die Lafette am Bremszylinder im ungünstigsten Falle durch die äußere Kraft

$$Q + W = 6452 \text{ kg}$$

belastet, wodurch weder ihre Haltbarkeit, noch auch die Standfestigkeit gefährdet werden kann. Setzt man die erhaltenen Werte noch in Gl. (4a) ein, so ergibt sich eine schließliche Vorschubgeschwindigkeit von

$$u_1 = 0{,}484\, u_0 = 4{,}65 \text{ m/sk,}$$

die jedenfalls noch einer kräftigen Abbremsung bedarf. Will man die damit verbundene Stoßwirkung herabziehen, so bleibt nichts andres übrig, als die Anfangsspannung der Feder unter gleichzeitiger Veränderung des Rücklaufweges zu vermindern und dem Erhebungswinkel anzupassen, wobei man im äußersten

Fall soweit gehen darf, daß die Feder das Rohr gerade trägt, ohne ihre Hubbegrenzung zu berühren. In unsern Formeln würde dies durch Gleichsetzen von $\alpha_1 = \alpha$ erreicht werden, womit man für die Erhebung von $\alpha = 20^0$ die Werte

$$W = 4012 \text{ kg}, \quad Q = 1710 \text{ kg}, \quad Q + W = 5722 \text{ kg}$$

und

$$u_1 = 0{,}28\, u_0 = 2{,}69 \text{ m/sk}$$

erhält.

Die von der Bremsflüssigkeit beim Rücklauf und Vorschub insgesamt aufgenommene und in Wärme übergeführte Energie ist offenbar

$$\frac{G}{2g}(u_0^2 - u_1^2) = \left(1 - \frac{u_1^2}{u_0^2}\right)\frac{G u_0^2}{2g}$$

und beträgt für unser Beispiel $1 - 0{,}234 = 0{,}766$ bzw. $1 - 0{,}078 = 0{,}922$ des Anfangswertes von 4696 mkg, je nachdem $\alpha_1 = 45^0$ oder $\alpha_1 = \alpha = 20^0$ angenommen wird. Der Rest der Energie von 0,234 bzw. 0,078 des Anfangswertes muß unter allen Umständen vor Ende des Vorschubes durch verstärktes Abbremsen oder durch eine elastische Hubbegrenzung aufgehoben werden, damit das Rohr nicht erst durch einen Stoß, der die Standfestigkeit der Lafette durch Umkippen nach vorn gefährdet, zur Ruhe gelangt. Diese Aufgabe ist natürlich um so leichter lösbar, je geringer die Endgeschwindigkeit beim Vorschub ausfällt. Man erreicht dies am einfachsten durch Verstärkung der Bremswirkung, indem man die Durchströmöffnungen der Bremsflüssigkeit beim Vorschub gegenüber dem Rücklauf verkleinert. Dies gelingt leicht bei Verwendung eines Bremskolbens mit Durchflußöffnungen, von denen einige mit Rückschlagventilen versehen sind, die sich beim Vorschub selbsttätig schließen. Da der Bremswiderstand dem Quadrate der Übertrittgeschwindigkeit direkt, diese aber dem freien Durchgangsquerschnitt umgekehrt proportional ist, so ergibt die Verminderung des Querschnitts auf $1 : n$ des beim Rücklauf offenen eine Vergrößerung des Bremswiderstandes beim Vorlauf von W_1 auf

$n^2 W_1$ in Gl. (4). Hätten wir z. B. den Querschnitt auf $1 : n = 1 : 10$ vermindert, so würde das obige Beispiel für $\alpha = 20^0$ und

$$\alpha_1 = 45^0 \quad u_1^2 = 0{,}06\, u_0^2, \quad \text{also} \quad u_1 = 0{,}245\, u_0 = 2{,}35 \text{ m/sk}$$
$$\alpha_1 = 20^0 \quad u_1^2 = 0{,}017\, u_0^2, \quad » \quad u_1 = 0{,}013\, u_0 = 1{,}25 \quad »$$

ergeben. Die schließliche Abbremsung des letzteren Wertes dürfte keinen praktischen Schwierigkeiten mehr begegnen; allerdings vollzieht sich in diesem Falle der Vorschub entsprechend langsamer und erfordert gegenüber der Rücklaufdauer von $t_1 = 2\, y_1 : u_0 = 0{,}21$ sk die Zeit $t_2 = 2\, y_1 : u_1 \doteq 1{,}5$ sk.

Besonders einfach erscheint die Aufgabe der Querschnittverminderung beim Vorschub in der Kruppschen Rücklaufbremse mit Luftvorholer, Abb. 18, gelöst, die hauptsächlich für schwere Geschütze verwendet wird[1]). Beim Rücklauf in der Pfeilrichtung tritt die Bremsflüssigkeit in B durch die Längsnuten in der Wand von der Hinterseite des Kolbens K nach vorn und wird von der eintretenden Kolbenstange S vermittelst zweier Öffnungen C und A nach dem Luftvorholer L gedrängt. Dort schiebt sie den Kolben N zurück, der die im Raume D befindliche Druckluft vom Druck p_1 auf p_2 verdichtet. Nach der Hubumkehr dehnt sich die Druckluft in D wieder aus, schiebt mittels des Kolbens N die Bremsflüssigkeit wieder nach dem Zylinder B durch die kleinere Öffnung C zurück, nachdem die größere A durch ein Rückschlagventil V geschlossen wurde.

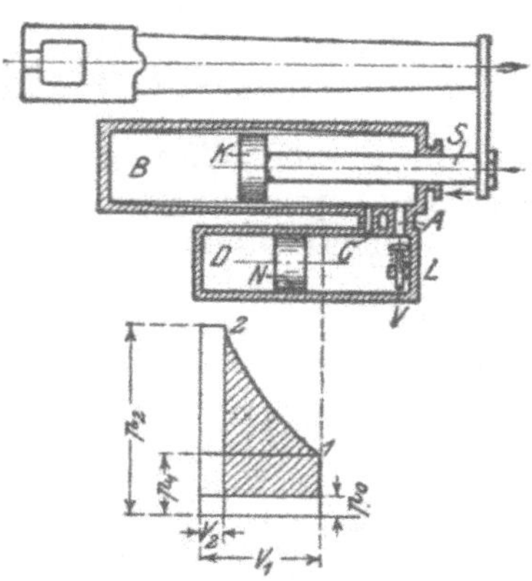

Abb. 18.
Kruppsche Rücklaufbremse mit Luftvorholer.

Es liegt auf der Hand, daß hierbei das Hubvolumen des Vorholkolbens N infolge der Flüssigkeitsverdrängung gerade

[1]) s. Krell a. a. O. Abb. 26.

mit dem Hubvolumen der Bremskolbenstange S übereinstimmt, während der Überdruck $p_1 - p_0$ über die Atmosphäre, mit dem Querschnitt von S multipliziert, die Kraft liefert, welche das Rohrgewicht G in der Feuerstellung hält. Bezeichnen wir daher den Stangenquerschnitt mit F_1, den Rücklaufweg mit y_1, so ist bei einer Erhebung α_1

$$F_1 (p_1 - p_0) = G \sin \alpha_1 . \quad . \quad . \quad . \quad . \quad . \quad (6)$$

Weiter ergibt sich die im Vorholzylinder geleistete, im Diagramm unter Abb. 18 schraffierte Verdichtungsarbeit, die wir hinreichend genau als isothermisch ansehen dürfen, zu

$$L_1 = p_1 V_1 \lg n \frac{p_2}{p_1} \quad . \quad . \quad . \quad . \quad . \quad . \quad . \quad (7)$$

Da nun die Differenz der Luftvolumina $V_1 - V_2$ vor und nach der Verdichtung mit dem Hubvolumen $F_1 y_1$ der Kolbenstange übereinstimmt, außerdem aber die Isotherme

$$p_1 V_1 = p_2 V_2 \quad . \quad . \quad . \quad . \quad . \quad . \quad . \quad . \quad (8)$$

erfordert, so ist auch

$$F_1 y_1 = V_1 - V_2 = V_1 \left(1 - \frac{p_1}{p_2}\right) \quad . \quad . \quad . \quad (8a),$$

also

$$L_1 = \frac{F_1 y_1 p_1 p_2}{p_2 - p_1} \lg n \frac{p_2}{p_1} \quad . \quad . \quad . \quad . \quad . \quad (7a)$$

Dieser Ausdruck ist in die obigen Gleichungen (3) und (4) an Stelle des ersten die Federarbeit darstellenden Gliedes einzuführen und außerdem infolge der Querschnittsverminderung der Durchflußöffnung beim Vorschub um $1 : n$ in Gl. (3) und (4a) $n^2 W_1$ und $n^2 W$ an Stelle von W_1 und W zu setzen. Dadurch erhalten wir die Formeln

$$\frac{F_1 y_1 p_1 p_2}{p_2 - p_1} \lg n \frac{p_2}{p_1} + n^2 W y_1 - G y_1 \sin \alpha = \frac{G u_0^2}{2 g} \quad . \quad . \quad (9)$$

$$\frac{F_1 y_1 p_1 p_2}{p_2 - p_1} \lg n \frac{p_2}{p_1} - G y_1 \sin \alpha = \left(n^2 W y_1 + \frac{G u_0^2}{2 g}\right) \frac{u_1^2}{u_0^2} \quad (10),$$

in denen nach Festlegung des Hubvolumens $F_1 y_1$ aus Gl. (6) die Spannung p_1 und mit einer Annahme über den Verdichtungsraum V_2 (entsprechend der oben angenommenen anfänglichen Federzusammendrückung) p_2 als gegeben zu betrachten sind. Von einer Zahlenrechnung, die gegenüber der obigen kaum etwas Neues bietet, soll mit Rücksicht auf den Raum abgesehen werden.

Die vorstehenden Betrachtungen lassen sich ohne weiteres auch auf Eisenbahngeschütze nach Abb. 19 übertragen.

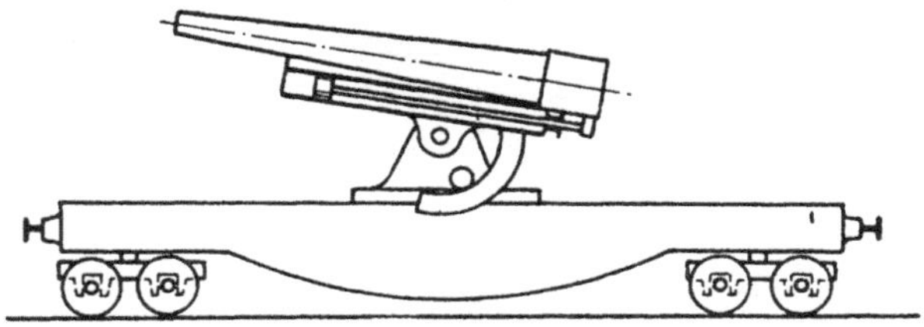

Abb. 19.
Englisches Eisenbahngeschütz.

Bei diesen tritt nur in der Energieformel (3) noch ein Glied auf der linken Seite hinzu, welches sich aus dem vorwiegend von den Radbremsen herrührenden Reibungswiderstand R und dem vom Wagen bis zum Stillstand zurückgelegten Wege z_1 zusammensetzt. Wir haben also an Stelle von (3)

$$\left(1+\frac{y_1}{2c}\right)G y_1 \sin a_1 + W y_1 + R z_1 - G y_1 \sin a = \frac{G u_0^2}{2g} \qquad (3\text{a})$$

worin alle früher eingeführten Größen ihre Bedeutung behalten.

§ 10.

Genauer Zusammenhang zwischen Geschoßbewegung und Rücklauf.

In den bisherigen Betrachtungen haben wir schon mehrfach vom Satze der Erhaltung des Schwerpunktes Gebrauch gemacht, der die Geschoßbewegung mit dem Rücklauf während des Abfeuerns verknüpft. Da nun die Geschoßbewegung ihrer großen Geschwindigkeit wegen innerhalb des Rohres sich einer unmittelbaren Messung entzieht, so liegt es nahe, sie aus dem gleichzeitigen Rohrrücklauf zu ermitteln. Wenn auch der vom Rohr hierbei zurückgelegte Weg nur sehr klein ist, so hat sich doch die Feststellung seiner Abhängigkeit von der Zeit als möglich erwiesen. Bei Geschützen verwendet man zu diesem Zwecke nach dem Vorgang von **Sébert** einen mit dem Rohr beweglichen, berußten Stahlstreifen AA, Abb. 20, auf dem der an einer elektromagnetisch erregten Stimmgabel G befindliche Schreibstift S isochrone Schwingungen von gleichem Ausschlage verzeichnet, deren Dauer und Zahl in der Sekunde aus der Tonhöhe sehr genau bestimmt werden kann. Dann liefert der Quotient aus dem Abstand Δy

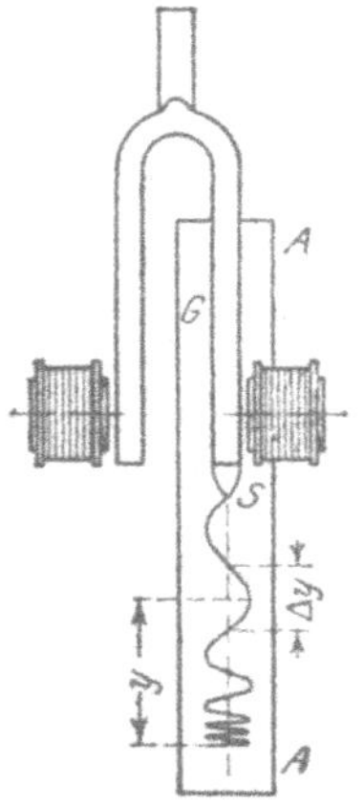

Abb. 20.
Meßvorrichtung von Sébert.

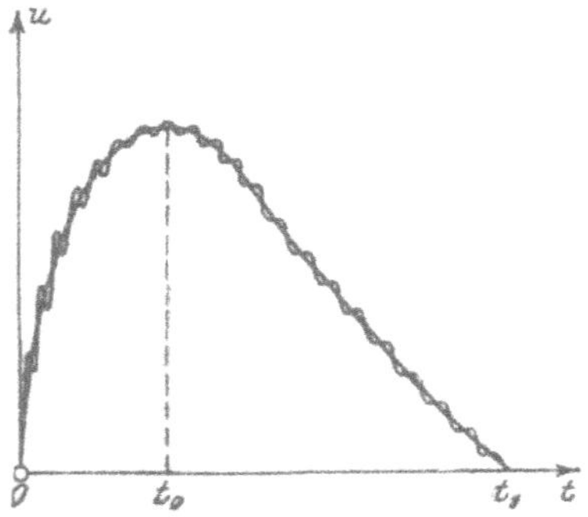

Abb. 21.
Schaulinie der Meßvorrichtung von Sebert.

zweier benachbarter Schnittpunkte der Schwingungskurve mit der Mittelgeraden und der halben Schwingungsdauer Δt die Geschwindigkeit

$$u = \frac{\Delta y}{\Delta t}$$

nach Zurücklegung des Weges y. Die Geschwindigkeit kann man als Ordinate sowohl dem Wege als auch der dazu gebrauchten Zeit t zuordnen, die sich aus der Zahl der vollzogenen Schwingungen ergibt. Das letztere Verfahren liefert Schaulinien[1]) nach Abb. 21, welche sich besonders für das

[1]) Zahlreiche derartige Schaulinien enthält die angezogene Abhandlung von O. Krell. Die Vorrichtungen selbst sind ausführlich in Cranz, Ballistik Bd. III (1913) besprochen.

Studium des Bewegungsbeginnes eignen, nachdem man die von Oberschwingungen des ganzen Systems herrührenden Erzitterungen durch den mittleren Linienzug ausgeglichen hat. Man erkennt, daß die Höchstgeschwindigkeit u_0 des Rücklaufes, welche ungefähr der Mündungsgeschwindigkeit v_0 des Geschosses entspricht, nach der Zeit t_0 am Ende des Abfeuerns erreicht wird, worauf die Verzögerung durch die Wirkung des Bremswiderstandes W einsetzt. Der Verlauf geht aus Indikatordiagrammen, Abb. 22, hervor, die unmittelbar am Bremszylinder entnommen werden können und die Grundlage der Regelung der Durchtrittsöffnungen und der Übertrittzeiten der Bremsflüssigkeit darbieten. Die Aufzeichnung dieser Diagramme kann sowohl auf einem an dem mit Schreibstift versehenen Indikatorzylinder vorbeistreichenden berußten Stahlband oder auch auf einer von diesem Band bewegten Schreibtrommel erfolgen, deren Drehung mithin dem Bremswege proportional ist. In das Diagramm Abb. 22 ist auch noch punktiert die Drucklinie des Luftvorholers beim Rücklauf eingezeichnet, die mit der Ausdehnungskurve beim darauffolgenden Vorschub nahe zusammenfällt.

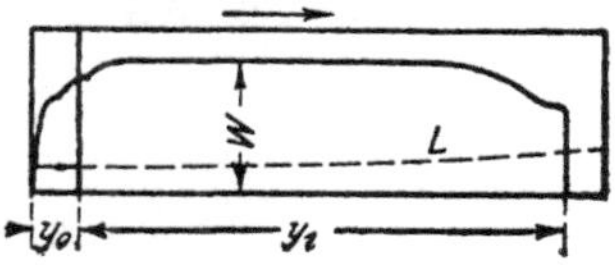

Abb. 22.
Indikatordiagramm des Bremszylinders.

So zweckmäßig die vorbeschriebene Einrichtung für das Studium des eigentlichen Rücklaufes mit abnehmender Rohrgeschwindigkeit erscheint, so kann sie doch über den Verlauf der sehr kurzen anfänglichen Beschleunigungszeit des Rücklaufs bis zum Geschoßaustritt nur sehr unvollkommene Auskünfte gewähren. Der schon erwähnte Ballistiker Prof. Cranz[1]) hat darum für diesen Zweck einen Spiegel angewandt, der in dieser Beschleunigungszeit dem Rücklaufwege proportional gedreht wird, während ein Lichtstrahl darauf fällt. Dieser wird auf eine gleichförmig sich drehende,

[1]) Becker, Über einen Gewehrrücklaufmesser mit optischer Registrierung des Rücklaufweges. Zeitschrift für das gesamte Schieß- und Sprengstoffwesen 1909.

mit lichtempfindlichem Papier bespannte Trommel zurückgeworfen, deren Drehachse mit dem Rücklaufweg in der Reflexionsebene des Strahles liegt und derart geneigt ist, daß sich die Rücklaufwege mit größter Annäherung proportional auf der Trommel abbilden. Auf dieser erscheint sonach eine Weg-Zeitkurve, Abb. 23, auf der vermittelst eines Stromschlusses der Geschoßaustritt durch einen starken schwarzen Strich AA mit der Ordinate y_0 vermerkt werden

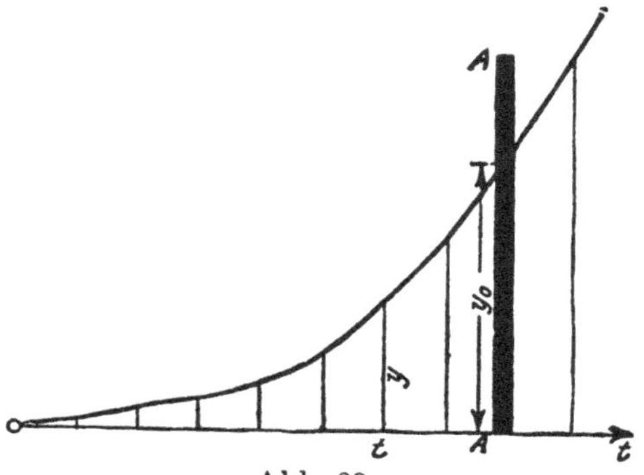

Abb. 23.
Weg-Zeitkurve nach Cranz.

kann. Könnte man das Diagramm noch fortsetzen, so müßte nach Überschreiten der Höchstgeschwindigkeit die Krümmung der Kurve ihr Vorzeichen wechseln. Dies stellt sich nun ersichtlich erst etwas nach dem Geschoßaustritt ein, eine Folge der am Schluß von § 1 erwähnten Druckwirkung der Pulvergase.

Aus solchen Diagrammen hat Prof. Cranz durch graphisches Differenzieren die Geschwindigkeit und Beschleunigung des Rücklaufes von Gewehren ermittelt und daraus Schlüsse auf den Verlauf der Pulverdruckkurve gezogen. Hierzu bedarf es der Aufstellung der Bewegungsgleichungen[1]) sowohl für das Geschoß von der Masse m_0 als auch für das rücklaufende Rohr und die mit ihm fest ver-

[1]) Die allgemeinste Behandlung der Rücklauffrage siehe bei Rausenberger, Theorie der Rohrrücklaufgeschütze, 1907.

bundenen Teile von der Gesamtmasse m. Die absolute Geschwindigkeit des ersteren sei wieder v, die der letzteren u, der Abstand des Geschoßbodens von seiner Ruhelage z, der des Rohrendes von seiner Ruhelage y, alles gemessen in der Bewegungsrichtung des Geschosses, so daß u und y von selbst negativ werden. Weiterhin ist zu beachten, daß auch das Treibmittel von der Masse m_2 an der Bewegung teilnimmt, so zwar, daß ein Teil $\varkappa m_2$ mit dem Geschoß sich bewegt, während der Rest $(1 - \varkappa) m_2$ mit dem Rohre als rücklaufend angesehen werden darf.

Da das Rohr mit Zügen versehen ist, deren oft nach der Mündung etwas zunehmende Neigung gegen die Rohrachse mit χ bezeichnet werde, so erhält das Geschoß eine Winkelgeschwindigkeit ω, die sich mit dem Seelenhalbmesser r aus dem Unterschied der beiden Axialgeschwindigkeiten v und u zu

$$r\omega = (v - u) \operatorname{tg} \chi \quad . \quad . \quad . \quad . \quad . \quad . \quad . \quad . \quad (1)$$

berechnet. Senkrecht auf den Zügen und gleichzeitig in der Tangentialebene des Geschoßmantels wirkt nun eine Zwangskraft N, die mit dem Reibungsfaktor f den in der Richtung der Züge, aber entgegengesetzt der Geschoßbewegung wirkenden Reibungswiderstand fN bedingt, Abb. 24 und 25. Führen

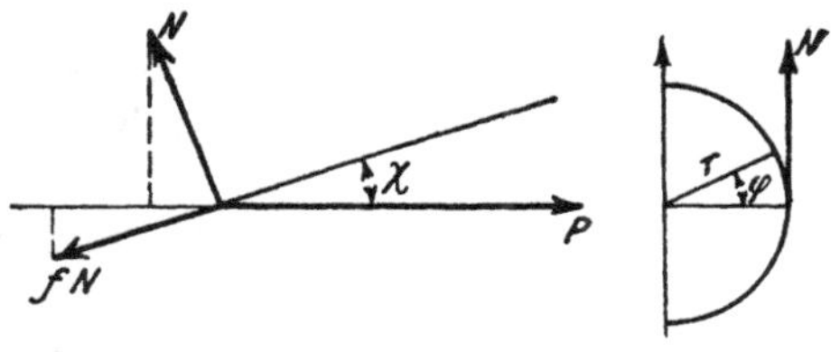

Abb. 24 und 25.
Das Kräftespiel am Geschoß im Rohr.

wir dann noch den Bremswiderstand W sowie die Federkraft Q des Vorholers ein, so erhalten wir für die Vorwärtsbewegung des Geschosses im Rohr die Gleichung

$$P - N(\sin \chi + f \cos \chi) = (m_0 + \varkappa m_2) \frac{dv}{dt} \quad . \quad . \quad (2)$$

und für den gleichzeitigen Rückstoß des Rohres

$$-P+N(\sin\chi+f\cos\chi)=(m+(1-\varkappa)m_2)\frac{du}{dt}+W+Q \quad (3)$$

Ist ferner k_0 der Trägheitshalbmesser der Geschoßmasse m_0 um ihre Längsachse, so lautet die Momentengleichung:

$$Nr(\cos\chi-f\sin\chi)=m_0 k_0^2\frac{d\omega}{dt} \quad . \quad . \quad . \quad . \quad (4),$$

wofür wir auch wegen Gl. (1)

$$N(\cos\chi-f\sin\chi)=m_0\frac{k_0^2}{r^2}\left(\frac{dv}{dt}-\frac{du}{dt}\right)\operatorname{tg}\chi \quad . \quad . \quad (4a)$$

schreiben dürfen. Während der Bewegung des Geschosses im Rohr dürfen aber die beiden Kräfte Q und W gegen den Pulverdruck P und die von ihm hervorgerufene Normalkraft N vernachlässigt werden. Addiert man mit dieser Vereinfachung die Formeln (2) und (3), so bleibt

$$(m_0+\varkappa m_2)\frac{dv}{dt}+(m+(1-\varkappa)m_2)\frac{du}{dt}=0 \quad . \quad . \quad (5),$$

woraus sich bei anfänglichem Ruhezustand

$$(m_0+\varkappa m_2)v+(m+(1-\varkappa)m_2)u=0 \quad . \quad . \quad (5a)$$

ergibt. Von dieser Formel haben wir unter Weglassung des jedenfalls im zweiten Gliede gegenüber der Rohrmasse m unerheblichen Anteils $(1-\varkappa)m_2$ des Treibmittels schon mehrfach Gebrauch gemacht. Jedenfalls dürfen wir hinreichend genau

$$u=-\frac{m_0+\varkappa m_2}{m}v \quad . \quad . \quad . \quad . \quad . \quad . \quad (5b)$$

setzen, woraus die Kleinheit von u gegenüber v ohne weiteres erhellt. Das berechtigt uns auch, in den Formeln (1) und (4) die Rücklaufgeschwindigkeit zu vernachlässigen, also

$$r\omega=v\operatorname{tg}\chi \quad . \quad . \quad . \quad . \quad . \quad . \quad . \quad . \quad . \quad . \quad (1a)$$

und

$$N(\cos\chi-f\sin\chi)=m_0\frac{k_0^2}{r^2}\frac{dv}{dt}\operatorname{tg}\chi \quad . \quad . \quad . \quad (4b)$$

zu schreiben. Führen wir diesen Wert in das zweite Glied der Formeln (2) und (3) ein, so geht dieses mit Rücksicht auf die Kleinheit des Neigungswinkels χ der Züge gegen die Achse über in

$$N(\sin\chi + f\cos\chi) = m_0 \frac{k_0^2}{r^2}\frac{dv}{dt}\frac{\sin\chi + f\cos\chi}{\cos\chi - f\sin\chi}\operatorname{tg}\chi$$

$$N(\sin\chi + f\cos\chi) \sim m_0 \frac{k_0^2}{r^2}\frac{dv}{dt}\frac{\chi + f}{1 - f\chi}\chi \sim m_0 \frac{k_0^2}{r^2} f\chi \frac{dv}{dt} \quad (4\text{c})$$

und wir haben an Stelle von Gl. (2) und (3) nach Unterdrückung von $(1 - \varkappa)\, m_2$ gegen m sowie der gegen P kleinen Kräfte Q und W während des Abfeuerns

$$P = m_0\left(1 + \varkappa\frac{m_2}{m} + \frac{k_0^2}{r^2} f\chi\right)\frac{dv}{dt} \quad . \quad . \quad . \quad (2\text{a})$$

$$-P = m\left(1 + \frac{m_0 k_0^2}{(m_0 + \varkappa m_2)\, r^2} f\chi\right)\frac{du}{dt} \quad . \quad . \quad . \quad (3\text{a})$$

Die letztere dieser beiden Formeln kann nun nach dem Vorgang von Cranz zur Ermittlung des Pulverdruckes aus der Beschleunigung $du : dt$ während des Abfeuerns benutzt werden, wobei man sowohl von der Geschwindigkeitskurve, Abb. 21, als auch von der Wegkurve, Abb. 23, ausgehen kann. Die erstere ist dabei einmal, die letztere zweimal graphisch zu differenzieren, was im Gegensatze zu der graphischen Integration mit Hilfe des Planimeters nicht ohne erhebliche Fehler durchführbar ist. Das Ergebnis, dessen Genauigkeit überdies durch Schätzung des Beiwertes $\varkappa \sim 0{,}33$ und der Reibungszahl f noch beeinträchtigt wird, zeigt eine leidlich gute Übereinstimmung mit der in Abb. 1 dargestellten, durch Zusammendrücken von Kupferzylindern nach Abb. 2 gewonnenen Druckkurve.

Schließlich wollen wir noch die Energiegleichung ableiten. Dazu gelangen wir durch Multiplikation der Formeln (2), (3) und (4) mit

$$dz = v\,dt, \quad dy = u\,dt, \quad d\varphi = \omega\,dt = \frac{v}{r}\chi\,dt \quad . \quad . \quad (6)$$

und Addition. Beachten wir, daß

$$dz - dy = ds \quad . \quad . \quad . \quad . \quad . \quad . \quad . \quad . \quad . \quad (6\text{a})$$

das Wegelement des Geschosses im Rohr, Abb. 1, darstellt, so lautet die Energieformel mit den schon oben benutzten Näherungswerten $\sin\chi \sim \operatorname{tg}\chi \sim \chi$, $\cos\chi \sim 1$

$$P\,ds = (m_0 + \varkappa m_2)\,v\,dv + m\,u\,du + \frac{m_0 k_0^2}{r^2}(\chi + f)\,\chi\,v\,dv$$

oder

$$P\,ds = m_0\left(1 + \varkappa\frac{m_2}{m_0} + \frac{k_0^2}{r^2}(\chi + f)\,\chi\right)v\,dv + m\,u\,du \qquad (7)$$

Diese Gleichung besagt nur, daß die vom Pulverdruck geleistete Arbeit $P\,ds$ nicht nur zur geradlinigen Beschleunigung der Geschoßmasse m_0 und der Rohrmasse m, sondern auch zur Drehbeschleunigung der ersteren sowie zur Überwindung von Reibungsarbeit verwendet wird. Eliminiert man noch die Geschwindigkeit u vermittelst Gl. (5b), so wird daraus

$$P\,ds = m_0\left[\left(1 + \varkappa\frac{m_2}{m_0}\right)\left(1 + \frac{m_0}{m}\right) + \frac{k_0^2}{r^2}(\chi + f)\,\chi\right]v\,dv \qquad (7a)$$

Haben wir es z. B. bei einem Gewehr von $mg = 4$ kg mit einem Geschoßgewicht $m_0 g = 10$ g, einem Ladungsgewicht $m_2 g = 3{,}2$ g zu tun, von dem nach § 4 der Bruchteil $\varkappa = 0{,}33$ an der Geschoßbewegung teilnimmt, so wird mit einer Neigung der Züge von $\chi = 5^0\,40' =$ rd. 0,1 und einer Reibungszahl $f = 0{,}3$ mit $k_0^2 : r^2 = 0{,}5$:

$$\varkappa\frac{m_2}{m_0} = \frac{1}{9}, \quad \frac{m_0}{m} = \frac{1}{800}, \quad \frac{k_0^2}{r^2}(\chi + f)\,\chi = \frac{1}{50}.$$

Alle diese Werte sind bis auf den ersteren klein gegen Eins, so daß man für grobe Überschlagsrechnungen

$$P\,ds = (m_0 + \varkappa m_2)\,v\,dv$$

schreiben darf.

In den bisherigen Abschnitten dieses Kapitels haben wir den mit dem Geschoß fortschreitenden Teil des Treibmittels nicht besonders erwähnt; aus der vorstehenden Feststellung erhellt nunmehr, daß dieser Anteil im Geschoßgewicht unserer früher berechneten Beispiele enthalten sein muß, wenn diese richtig bleiben sollen.

Nachdem das Geschoß das Rohr verlassen hat, strömt auch noch die darin befindliche hochgespannte Pulvergasmasse unter Druckausgleich mit der Atmosphäre aus. Dies vollzieht sich mit einer so großen Geschwindigkeit, daß sich wenigstens zu Beginn des eigentlichen Rücklaufes noch eine kurze Beschleunigung des Rohres, wie in Abb. 23 beobachtet werden kann, ergibt. Erst nach Überschreiten der Höchstgeschwindigkeit hört die Wirkung des Pulverdruckes P auf das Rohr gänzlich auf, während diejenige der Normalkraft N sowie der damit verknüpften Reibung unmittelbar mit dem Geschoßaustritt erlischt. Mithin geht für den eigentlichen Rücklauf des Rohres unter Vernachlässigung der Treibmittelmasse m_2 gegen die Rohrmasse Gl. (3) über in

$$m \frac{du}{dt} + W + Q = 0 \quad \ldots \ldots \quad (8),$$

worin wir bei quadratischem Bremswiderstand und einer mit dem Rücklaufweg y proportionalen Federkraft mit den Konstanten ε und ζ auch

$$\frac{W}{m} = \varepsilon u^2, \quad \frac{Q}{m} = \zeta y \quad \ldots \ldots \quad (9)$$

setzen und demgemäß an Stelle von Gl. (8)

$$\frac{du}{dt} + \varepsilon u^2 + \zeta y = 0 \quad \ldots \ldots \quad (8a)$$

schreiben dürfen. Es ist dies nichts anderes als die gewöhnliche Schwingungsgleichung mit einem quadratischen Dämpfungsglied[1]), deren weitere Behandlung und Integration nur für jeden Hub getrennt durchführbar ist, um dem Vorzeichenwechsel des Dämpfungsgliedes gerecht zu werden. In unserm Fall ist dies schon durch die Vergrößerung des Faktors ε beim Vorschub gegenüber dem Rücklauf geboten. Dadurch wird allerdings auch die Genauigkeit der Rechnung derart beeinträchtigt, daß es sich nicht lohnt, über das in § 9 benutzte Näherungsverfahren auf Grund des Energieunterschiedes am Anfang und Ende des Hubes hinauszugehen.

[1]) Vgl. Föppl, Vorlesungen über Dynamik. 3. Aufl.

Handelt es sich um Eisenbahngeschütze, deren Untergestell auf den Schienen trotz der Radbremsung am Rücklauf teilnimmt, so müssen die Bewegungsgleichungen für das Rohr und das Wagengestell besonders angesetzt werden. Ist w die Geschwindigkeit des letzteren, so ist beim Erhebungswinkel α die absolute Horizontalkomponente der Rohrgeschwindigkeit $u \cos \alpha + w$, so daß wir für den Rohrrücklauf die Gleichungen

$$\left.\begin{aligned} -(W+Q)\cos\alpha &= m\frac{d}{dt}(u\cos\alpha + w) \\ mg - (W+Q)\sin\alpha &= m\frac{d}{dt}(u\sin\alpha) \end{aligned}\right\} \quad (10)$$

erhalten: Für die Aufstellung der Bewegungsformel des Wagens ist zu beachten, daß zu seiner Masse m_1 noch die auf den Radumfang reduzierte Gesamtmasse aller Räder hinzukommt. Diese wiederum berechnet sich bei einem Trägheitsradius k und einem Halbmesser a der Räder aus deren Gesamtmasse m' zu $m'\frac{k^2}{a^2}$, so daß wir für den Wagen bei einem Bremswiderstand R

$$(W+Q)\cos\alpha - R = \left(m_1 + m'\frac{k^2}{a^2}\right)\frac{dw}{dt} \quad . \quad . \quad (11)$$

erhalten. Aus diesen drei Formeln ergibt sich nach Multiplikation mit $d(y\cos\alpha + z)$, $d(y\cos\alpha)$ und dz, wobei z wie am Schlusse von § 4 den Weg des Wagens bedeutet, durch Integration bis zum Stillstand wieder die dort angeschriebene Arbeitsgleichung (3a).

§ 11.

Die Festigkeit der Rohre.

Die Wandstärke der Rohre für alle Feuerwaffen ergibt sich bei vorgelegtem Innendurchmesser (Kaliber) aus dem größten Pulverdruck. Dabei ist zu beachten, daß in der Rohrwand zwei Hauptspannungen bestehen, von denen die eine σ_r radial, die andere σ_t tangential, also senkrecht dazu gerichtet ist. Die außerdem noch auftretende Axialspannung kommt hiergegen beim Vorhandensein von Rücklaufvorrichtungen kaum in Betracht.

Man übersieht sofort, daß die vom Innendruck p, der sich aus dem Pulverdruck P durch Teilung durch den Seelenquerschnitt ergibt, ausgehende und auf der Rohrinnenseite damit übereinstimmende Radialspannung durchweg eine Druckspannung sein muß und bis zur Außenseite auf den Betrag des zu vernachlässigenden Atmosphärendruckes abnimmt. Im Gegensatz hierzu ist die Tangentialspannung bestrebt, die Rohrhälften zu beiden Seiten einer Diametralebene voneinander zu trennen, was nur durch eine Zugspannung erreicht werden kann. Beide Spannungen halten

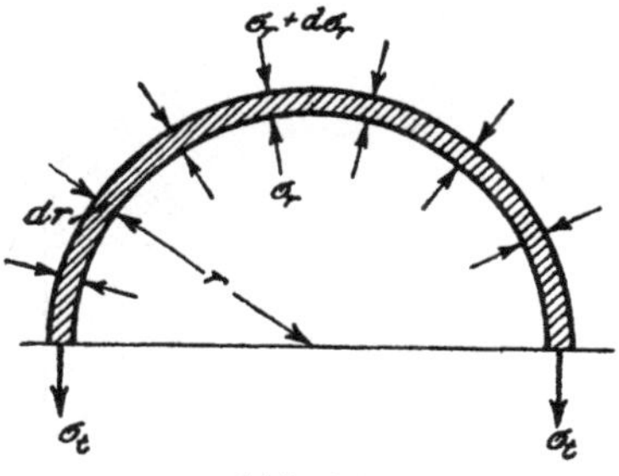

Abb. 26.
Spannungsgleichgewicht am Rohrelement.

sich an einem unendlich kleinen Rohrelement vor der Wandstärke dr infolge des Spannungszuwachses $d\sigma_r$, Abb. 26, derart das Gleichgewicht, daß

$$\frac{d(\sigma_r r)}{dr} = \sigma_t \quad . \; . \; . \; . \; . \; . \; . \; . \quad (1)$$

ist. Daraus ergeben sich unter Zuhilfenahme der Dehnungen in beiden Richtungen für einen Innendruck p in einem Rohre vom Innenhalbmesser r_1 und Außenhalbmesser r_2 am Ende des Halbmessers r die beiden Spannungen

$$\left.\begin{aligned} \sigma_r &= \frac{p r_1^2}{r_2^2 - r_1^2}\left(1 - \frac{r_2^2}{r^2}\right) < 0 \\ \sigma_t &= \frac{p r_1^2}{r_2^2 - r_1^2}\left(1 + \frac{r_2^2}{r^2}\right) > 0 \end{aligned}\right\} \quad . \; . \; . \; . \; . \quad (2),$$

deren Änderung über die Wandstärke hin durch die Abbildung 24 verdeutlicht wird. Insbesondere erkennt man daraus, daß an jeder Stelle die Tangentialspannung absolut größer als die dort herrschende Radialspannung ist, und erhält für die Innen- und Außenseite, d. h. für

$$r = r_1 \quad \text{und} \quad r = r_2$$
$$\sigma_{r1} = -p \quad » \quad \sigma_{r2} = 0$$
$$\sigma_{t_1} = p\,\frac{r_2^2 + r_1^2}{r_2^2 - r_1^2}, \quad \sigma_{t_2} = \frac{2\,p\,r_1^2}{r_2^2 - r_1^2}.$$

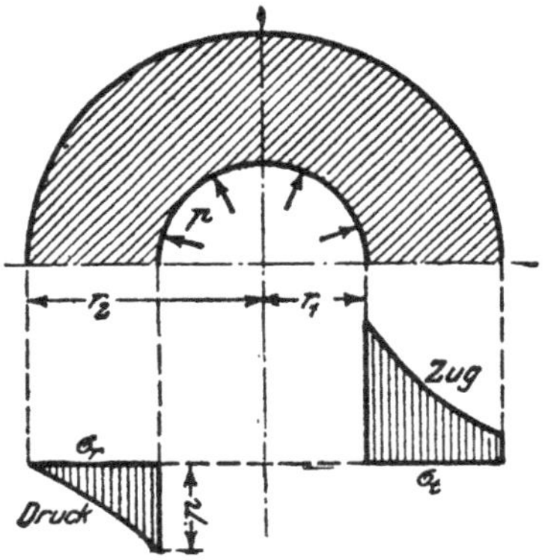

Abb. 27.
Rohrspannungen bei Innendruck.

Mithin ist, wie schon Abb. 27 lehrt, die Tangentialspannung auf der Innenseite am größten, diese selbst also am meisten gefährdet.

Weiter folgt aus unsern Formeln, daß die Spannungen σ_r und σ_t gar nicht von den absoluten Werten der Rohrhalbmesser abhängen, sondern nur von deren Verhältnis, so zwar, daß

für $\frac{r_2}{r_1}$	$= 1$	$\frac{\sigma_{t_1}}{p}$	$= \infty$	$\frac{\sigma_{t_2}}{p}$	$= \infty$
»	1,2	»	5,55	»	4,55
»	1,5	»	2,60	»	1,60
»	2	»	1,66	»	0,66
»	4	»	1,13	»	0,13
»	∞	»	1	»	0

wird. Wir erhalten also eine um so ungleichförmigere Spannungsverteilung in der Rohrwand, je dicker diese im Verhältnis zum Innenhalbmesser gewählt wird. Da nun für die Spannung ein gewisser Höchstwert nicht überschritten werden darf, der für guten Nickelstahl etwa bei $\sigma = 5000$ bis 6000 kg/qcm liegt, so ist damit bei vorgelegtem Innendruck p das Verhältnis $r_2 : r_1$ gegeben, ohne daß man auf die Spannungsverteilung einen Einfluß

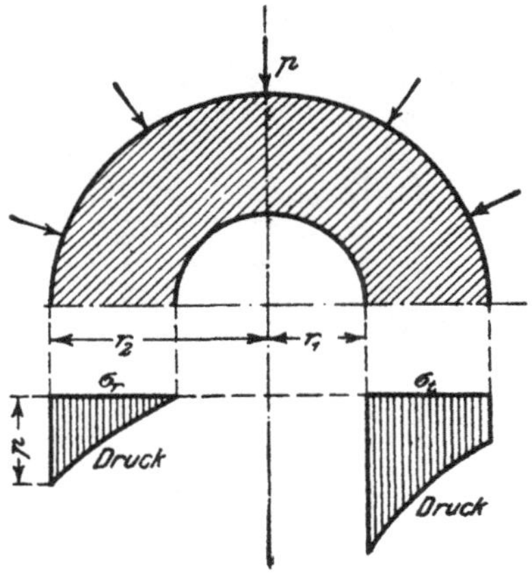

Abb. 28.
Rohrspannungen bei Außendruck.

auszuüben vermag. Das Rohrmaterial wird daher in den äußeren Teilen der Wand nicht voll ausgenutzt, während für die inneren Teile die Gefahr einer Überlastung besteht. Der letzteren kann man bei vorgelegtem Innendruck aber nur dadurch begegnen, daß man von vornherein durch einen dauernden Außendruck eine tangentiale Druckspannung erzeugt, welche einen Teil des Innendruckes auszugleichen vermag. Dies wird in der Praxis durch warm aufgezogene Ringe erreicht, die beim Erkalten das Seelenrohr zusammenpressen und von diesem anderseits einen Innendruck erfahren. Die in einem unter Außendruck p stehenden Rohr herrschenden Spannungen ergeben sich aus den Formeln (2) durch bloßes Vertauschen von r_1 und r_2 und sind, wie in Abb. 28

dargestellt, offenbar Druckspannungen in beiden Richtungen. Nach dem Warmaufziehen und Erkalten ergibt sich sodann durch Vereinigung der Abbildungen 27 und 28 der in Abb. 29 unter dem halben Rohrquerschnitt dargestellte Spannungszustand σ_r' und σ_t' im sog. Mantelringrohr, wobei p' die Zwischenpressung der beiden Rohrbestandteile bedeutet. Dabei ist vorausgesetzt, daß noch kein Innendruck p im Seelen-

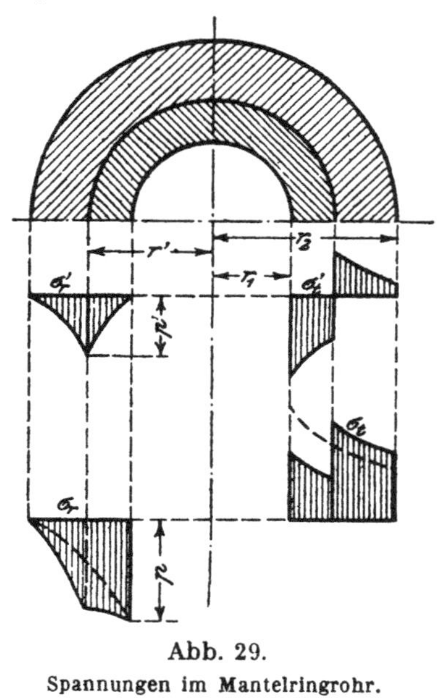

Abb. 29.
Spannungen im Mantelringrohr.

rohre herrscht. Dessen Auftreten bedingt erst eine (der Abb. 27 analoge) darunter punktierte Spannungsverteilung über die ganze Rohrwand, welche mit σ_r' und σ_t' vereinigt die resultierenden Spannungen σ_r und σ_t liefert. Man übersieht sofort, daß diese ganz erheblich gleichförmiger ausfallen als im einfachen Rohre, Abb. 27. Erreicht man mit einem Mantelringe noch keine genügende Herabsetzung der inneren Tangentialspannung, so zieht man noch einen weiteren Ring auf und setzt dies solange fort, bis das gewünschte Ziel erreicht ist.

Da nun der höchste Innendruck nur kurze Zeit im Laderaum hinter dem Geschoßboden herrscht, dann aber mit fortschreitendem Geschoß nach Abb. 1 immer mehr abnimmt, so sind offenbar die einzelnen Rohrabschnitte um so geringeren Innendrücken ausgesetzt, je näher sie der Mündung liegen. Es ist deshalb ganz unnötig, das ganze Rohr gegen den höchsten Innendruck in gleicher Weise durch Mantel-

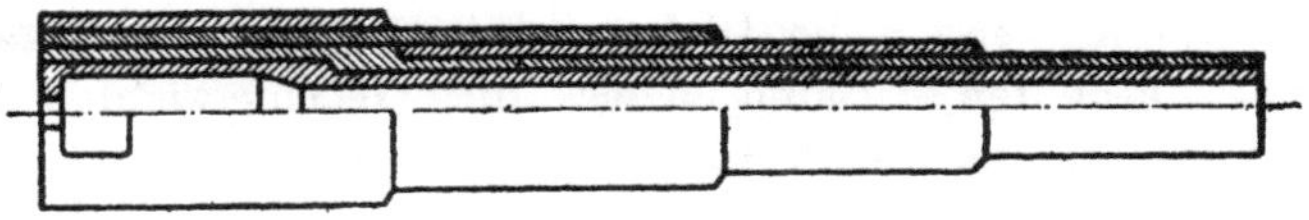

Abb. 30. Mantelringrohr.

ringe zu sichern, vielmehr genügt es vollauf, deren Zahl von vorn nach hinten absatzweise so zu steigern, daß infolge der dann eintretenden Druckwirkung der Pulvergase an keiner Stelle die für die Haltbarkeit des Materials vorgeschriebene Höchstspannung überschritten wird. Auf diese Weise entsteht dann die stufenartig abgesetzte Rohrform, Abb. 30, mit einem durchlaufenden Seelenrohr.

Die warm aufgezogenen Mantelringe verbürgen offenbar nur dann die Erfüllung ihres Zweckes und gleichzeitig ihre eigene Haltbarkeit, wenn sie aus ganz homogenem Material hergestellt sind. Damit ist das für gewöhnliche Rohre übliche Schweißverfahren ausgeschlossen, die Mantelringe müssen vielmehr ohne Schweißnaht aus je einem Stück hergestellt werden, was bei großen Kalibern die Erzeugung recht erheblicher Stahlblöcke voraussetzt. Stehen solche nicht zur Verfügung, so kann man sich durch eine große Zahl sehr dünner Ringe helfen, die man am einfachsten durch Aufwinden eines Stahlbandes auf das Seelenrohr erzielt. Diese Bandlage wird dann noch, wie aus Abb. 31 ersichtlich, mit einer verhältnismäßig dünnwandigen Schutzhülle umgeben, welche daneben auch noch

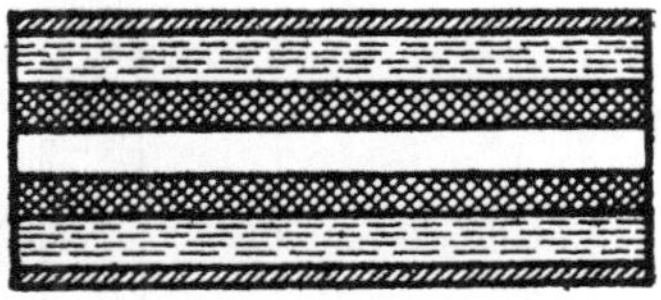

Abb. 31.
Anordnung der Drahtwicklungen.

die Längssteifigkeit des Rohres erhöhen soll. Auf diese Weise sind die in England gebräuchlichen sog. Drahtgeschütze entstanden, bei denen das Band unter einer starken, gleichmäßigen Zugkraft S aufgewunden ist, um in den einzelnen Lagen durchweg eine und dieselbe tangentiale Zugspannung

$$\sigma_t = \sigma_2 = \frac{S}{b\,h} \quad . \; . \; . \; . \; . \; . \; . \; . \quad (3)$$

zu erhalten, wenn h die Dicke und b die Breite des Stahlbandes bedeuten. Damit liefert die Gleichgewichtsbedingung (1) für die Radialspannung, die am Außenrande für $r = r_0$ verschwindet,

$$\sigma_r = \sigma_2\left(1 - \frac{r_2}{r}\right) \quad . \; . \; . \; . \; . \; . \; . \quad (4)$$

mit dem Werte

$$p' = \sigma_2\left(1 - \frac{r_2}{r'}\right) \quad . \; . \; . \; . \; . \; . \; . \quad (4a)$$

für den Zwischenhalbmesser r'. Ist dieser Wert p' wie oben vorgelegt, so bestimmt sich daraus die Spannung σ_0, mit der das Stahlband, dessen Dicke gewöhnlich $h = 0{,}15$ cm bei einer Breite von $b = 0{,}6$ cm gewählt wird, aufzuwinden ist. Man geht dabei unter Verwendung hochwertigen Materiales praktisch bis zu Spannungen von 8000 kg/qcm, die bei langsamem Aufwinden durch genau wirkende Regelvorrichtungen unverändert gehalten wird. Die hierdurch zu erzielende Spannungsverteilung σ_r' und σ_t' im unbelasteten Rohr ist in Abb. 32 wiedergegeben, ebenso ihre Überlagerung durch die gestrichelte Spannungsverteilung infolge des

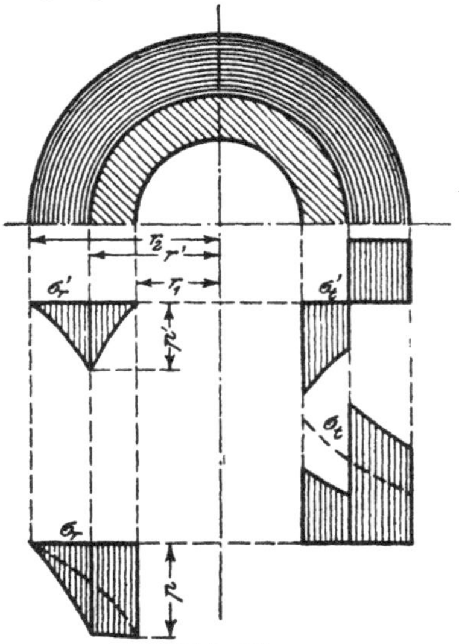

Abb. 32.
Spannungen im Drahtgeschütz.

Innendruckes p, aus der die ausgezogenen Spannungskurven für σ_r und σ_t hervorgehen.

Bei der vorstehenden Herleitung ist indessen die Reibung der einzelnen Bandwindungen aneinander nicht herangezogen worden. Durch sie wird, wie ohne weiteres einzusehen ist, eine starke Abnahme der Tangentialspannung σ_t vom Außenrande nach innen zu bedingt, der dann auch mit Gl. (1) eine Abnahme der radialen Druckspannung gegenüber dem Werte von Gl. (3) entspricht. Eine Berechnung dieser Spannungen läßt sich nur unter der Annahme eines Gleichgewichtzustandes durchführen, der sich unmittelbar nach dem Aufwickeln eingestellt hat. Bezeichnet man dann die Dicke des Stahlbandes mit h, die Zahl der nebeneinander liegenden Windungen von demselben Halbmesser, Abb. 32, mit n, die Reibungszahl mit f, so liefert die Bedingung des tangentialen Gleichgewichtes an einem unendlich kleinen Bandelement unter Hinzuziehung der auch hierbei gültigen Formel (1) für das Radialgleichgewicht die Spannungen

$$\left.\begin{aligned} \sigma_t &= \sigma_2 e^{2 n \pi f \frac{r - r_2}{h}} \\ \sigma_r &= \frac{\sigma_2}{2 \pi n f} \frac{h}{r} \left(e^{2 \pi n f \frac{r - r_1}{h}} - 1\right) \end{aligned}\right\} \quad . \quad . \quad . \quad (5)$$

Setzt man hierin die Reibungszahl $f = 0$, so ergibt sich wieder wie früher $\sigma_t = \sigma_2$ und Gl. (4) für σ_r; hat aber f einen, wenn auch nur sehr kleinen Wert, z. B. $f = 0{,}05$, so wird doch die Zahl $2 \pi u f \frac{r_2 - r}{h}$ schon in geringem Abstande $r_2 - r$ von der Außenseite so groß, daß von da ab hinreichend genau

$$\sigma_t = 0 \text{ und } \sigma_r = -\frac{\sigma_2}{2 n \pi f} \frac{h}{r} \quad . \quad . \quad . \quad . \quad (5\text{a})$$

geschrieben werden kann. Man übersieht leicht, daß auch dieser Wert für die Radialspannung σ_r so klein ausfällt, daß man die Bandwicklung praktisch für spannungsfrei ansehen darf. Dann aber ist sie nicht geeignet, auf das Seelenrohr einen merkbaren Außendruck auszuüben, der die in diesem beim Abfeuern auftretenden Ringspannungen herabzumindern vermöchte. Vielmehr wirkt die Wicklung nur noch wie eine Erhöhung der Wandstärke, deren Unzweckmäßigkeit für die Materialausnutzung wir schon oben erkannt haben.

Von dieser Tatsache kann man sich leicht durch Aufwickeln eines Fadens auf einen Finger überzeugen, wobei der auf diesen ausgeübte Druck trotz gleichbleibender Fadenspannung mit der Zahl der aufeinander folgenden Lagen soweit abnimmt, daß sich schließlich die ganze Fadenwicklung leicht abstreifen läßt.

Die von der Tangentialspannung auf der Innenseite der Seelenrohre drohende Gefahr für die Haltbarkeit der Rohre wird noch erhöht durch die scharf eingeschnittenen Züge, die innen eine Verschwächung bedeuten. Außerdem aber leidet die Festigkeit des Materiales durch die hohe Temperatur beim Abfeuern, insbesondere wenn den Rohren, wie beim Schnellfeuer, keine ausreichende Zeit zum Abkühlen gewährt wird. Alsdann nimmt das Rohr als Ganzes bald eine mittlere Temperaturerhöhung ϑ_0 an, die mit einer bestimmten Dehnung aller Abmessungen verbunden ist. Durch das Abfeuern steigt jedoch die Seelentemperatur, wenn auch nur kurze Zeit, erheblich über diesen Mittelwert hinaus. Da die Innenfläche des Rohres dieser Temperatursteigerung ϑ infolge der Hohlzylinderform sich nicht durch ihre Ausdehnung nach

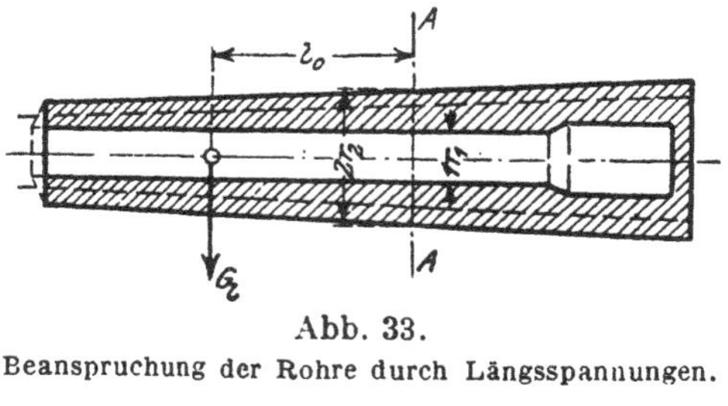

Abb. 33.
Beanspruchung der Rohre durch Längsspannungen.

Abb. 33 anpassen kann, so entstehen dort Temperatur-Längsspannungen, die sich mit der Ausdehnungszahl α und der Federungszahl E (dem sog. Elastizitätsmodul) angenähert zu

$$\sigma_z = \alpha E (\vartheta - \vartheta_0) \quad . \; . \; . \; . \; . \; . \; . \; . \; . \quad (6)$$

berechnen. Für Stahl hat man dabei rd. $a = 11 \cdot 10^{-6}$ und $E = 22 \cdot 10^5$ kg/qcm zu setzen, woraus schon für mäßige Temperaturunterschiede $\vartheta - \vartheta_0$ recht erhebliche Spannungen hervorgehen.

Dazu tritt weiter noch die Biegung der Rohre durch ihr Eigengewicht, falls sie nicht auf die ganze Länge gelagert sind. Das letztere ist z. B. der Fall bei den mit Rohrrücklauf versehenen Feldgeschützen und Mörsern, deren Rohre wenigstens während des Abfeuerns ganz auf der Wiege ruhen, während die Rohre der Handfeuerwaffen durch den Schaft dauernd unterstützt sind. Dagegen haben die Rohre der Schiffs- und Küstengeschütze mit und ohne Verschwindlafetten stets eine große freie Länge, deren Durchbiegung ganz unvermeidlich ist und entsprechende Biegungs-Längsspannungen im Rohre bedingt. Diese werden allerdings etwas durch die nach vorn zulaufende Form der Rohre, Abb. 30, die sich den Körpern gleicher Biegungsfestigkeit nähern, herabgezogen, ohne doch aber ganz vernachlässigt werden zu dürfen. Besonders störend machen sich die Durchbiegungen für die Treffsicherheit bei den Drahtgeschützen bemerkbar, weil deren Bandwicklung zwar das Gewicht vermehrt, aber vermöge ihres Aufbaues aus neben- und übereinander liegenden Schichten keine Biegungsspannungen aufzunehmen vermag.

Erleiden die Rohre eine Querverschiebung, die bei Rahmenlafetten unvermeidlich ist, so treten außer der Gewichtsbelastung noch Massen- oder Beschleunigungskrafte auf, welche ebenfalls eine Durchbiegung der Rohre zur Folge haben. Um diese Einflüsse gegenseitig abzuschätzen, greifen wir auf Abb. 10 zurück, in der der Pulverdruck P in der Gleitbahnrichtung der Rohrmasse m die Beschleunigung $du : dt$ derart erteilte, daß nach Gl. (3) § 8

$$P \cos(a + \beta) = -m \frac{du}{dt} \quad . \quad . \quad . \quad . \quad . \quad (7)$$

war. Dieser Beschleunigung entspricht dann senkrecht zum Rohr eine solche von

$$\frac{du_y}{dt} = \frac{du}{dt} \sin(a + \beta)$$

oder

$$\frac{d u_v}{d t} = -\frac{P}{2m} \sin 2(\alpha + \beta) = -\frac{P g}{2 G} \sin 2(\alpha + \beta) \quad (7a),$$

wenn G das Rohrgewicht bedeutet. Auf die Längeneinheit des Rohres entfällt nun bei einem Querschnitt F und einem spezifischen Gewichte γ des Rohres das Gewicht

$$\frac{dG}{dl} = \frac{\gamma F d l}{d l} = \gamma F.$$

also bei einem Erhebungswinkel α

$$q' = \gamma F \cos \alpha \quad \ldots \ldots \ldots \quad (8)$$

Hierzu tritt infolge der Beschleunigung (7a) der Betrag

$$q'' = \frac{d m}{d l} \frac{d u_v}{d t} = \frac{\gamma F}{g} \frac{d u_v}{d t} = -\frac{\gamma F P}{2 G} \sin 2(\alpha + \beta) \quad (9),$$

so daß also insgesamt durch das Gewicht und die Querbeschleunigung auf die Längeneinheit eine Belastung von

$$q = q' + q'' = \gamma F \left(\cos \alpha - \frac{P}{2G} \sin 2(\alpha + \beta)\right) \quad . \quad . \quad (10)$$

kommt. Das hiervon herrührende **Biegungsmoment** im Abstand l vom freien Ende berechnet sich dann zu

$$M = \int_0^l q \, l \, d l = \left(\cos \alpha - \frac{P}{2G} \sin 2(\alpha + \beta)\right) \int_0^l \gamma F \, l \, d l$$

oder unter Einführung des Schwerpunktsabstandes l_0 von dem beobachteten Querschnitt AA, Abb. 33, wenn G_l das Gewicht des darüber hervorragenden Rohrteiles bedeutet,

$$M = G_l l_0 \left(\cos \alpha - \frac{P}{2G} \sin 2(\alpha + \beta)\right) \quad . \quad . \quad . \quad (11)$$

Die **größte Biegungsspannung** ergibt sich nun am Ende des Außenhalbmessers r_2 des Querschnittes, wenn wir dessen Trägheitsmoment um seine wagerechte Achse mit Θ bezeichnen und beachten, daß bei einem Innenhalbmesser r_1

$$\Theta = \frac{\pi}{4} (r_2^4 - r_1^4)$$

ist, zu

$$\sigma = \frac{M}{\Theta} r_2 = \frac{4 M r_2}{\pi (r_2^4 - r_1^4)} \quad . \quad . \quad . \quad . \quad . \quad (12)$$

Hätten wir z. B. ein Rohr von 15 cm Kaliber, einer Länge von 7,5 m und einem Gewicht von 5500 kg, dessen Außendurchmesser am Drehzapfen 34 cm beträgt, so wäre $r_1 = 7{,}5$ cm, $r_2 = 17$ cm und $\Theta = 62800$ cm^4, also

$$\sigma = \frac{M}{3700}.$$

Ragt nun das halbe Gewicht $G_l = 2750$ kg über den Drehzapfen frei heraus mit einem Schwerpunktsabstand $l_0 =$ 3 m = 300 cm, so ist $G_l l_0 = 825000$ cm/kg, und bei einem größten Pulverdruck von $P = 550000$ kg wird

$$M = 825000\,(\cos\alpha - 50\sin 2\,(\alpha + \beta))$$

oder

$$\sigma = -223\,(\cos\alpha - 50\sin 2\,(\alpha + \beta)).$$

Ist die Gleitbahn um $\beta = 10^0$ geneigt, so folgt mit einer Rohrerhebung von $\alpha = 20^0$, $\cos\alpha = 0{,}94$, $\sin 2\,(\alpha + \beta) = 0{,}866$

$$\sigma = -223\,(0{,}94 - 43{,}3) = -223 \cdot 42{,}4 = -9445 \text{ kg/qcm},$$

während die vom Gewicht allein herrührende Spannung an derselben Stelle nur $223 \cdot 0{,}94 = 210$ kg/qcm beträgt. Man braucht sich daher nicht zu wundern, daß bei Rohren in Rahmenlafetten infolge der hohen dynamischen Spannungen bleibende Formänderungen auftreten, die im Verein mit der Unmöglichkeit der hinreichenden Entlastung des Unterbaues zur völligen Aufgabe dieser Anordnung geführt haben. Da die gefährlichen Querbeschleunigungen nur während des mit sehr kleiner Verschiebung verbundenen stoßartigen Abfeuerns wirken, so kommen sie bei Verschwindlafetten, Abb. 12 und 13, nicht in Betracht, wenn deren Hebelarme in dieser Zeit normal znr Rohrachse stehen. Die negative Querbeschleunigung während des darauffolgenden Rücklaufes spielt jedenfalls demgegenüber keine nennenswerte Rolle.

Gefährliche Axialspannungen können in den Rohren dadurch geweckt werden, daß beim Vorschieben des Geschosses bei nicht hinreichend widerstandsfähigem Material solches mitgenommen wird und schließlich an einer Stelle im Innern sich wulstartig anhäuft. Ein folgendes, gegen diesen Wulst anstoßendes Geschoß findet dort ein Bewegungshindernis und erteilt dem Rohr einen Stoß in der Achsenrichtung, der von starken Spannungen begleitet ist. Die Rückwirkung dieses Stoßes auf Granaten ruft anderseits leicht sog. Rohrkrepierer hervor, welche die erwähnten Axialspannungen bis zur Bruchgefahr steigern, wenn sie nicht schon ein Auftreiben oder Aufreißen der Rohre in der Längsrichtung zur Folge haben. Noch häufiger sind übrigens Fremdkörper, wie Putzreste, Sand, Pulverreste, Rost und Eis die Ursache von Laufsprengungen[1]), welche zudem durch Rißbildungen im Rohrinnern unter dem Einfluß hoher Temperaturen und starker Pressungen während des Schießens begünstigt werden. Der Laderaum ist durch die Ladehülse gegen derartige Einwirkungen ziemlich gut geschützt, während die Züge ihnen besonders stark ausgesetzt sind. Deren Abnützung ist demnach eine besondere Gefahrquelle und beeinträchtigt außerdem in hohem Maße die Treffsicherheit.

III. Äußere Ballistik.

§ 12.

Die Geschoßbahn im luftleeren Raum.

Der Einfachheit halber betrachten wir zunächst die Geschoßbewegung im luftleeren Raume, die sich unter der bloßen Wirkung der Erdbeschleunigung vollziehen würde. Von dieser nehmen wir an, daß sie überall denselben Wert $g = 9{,}81$ m/sk^2 besitzt und normal zu der als eben betrachteten Erdoberfläche steht, womit der Einfluß der Krümmung der letzteren sowie derjenige der Erddrehung vorläufig ausgeschaltet wird.

Wir bezeichnen nunmehr die Horizontalkomponente der Bahngeschwindigkeit v mit v_x, die Vertikalkomponente mit v_y, die Mündungsgeschwindigkeit mit v_0 und den Erhebungswinkel mit α. Ferner möge ϑ der Neigungswinkel der Bahn gegen den Horizont an einer beliebigen Stelle mit den Koordinaten x und y sein, Abb. 34. Alsdann erkennt man ohne

[1]) Narath: Über Laufsprengungen, Art. Monatshefte 1917, S. 53.

weiteres, daß kein Anlaß zur Änderung von v_x besteht, daß also längs der ganzen Bahn

$$\frac{dx}{dt} = v_x = v \cos \vartheta = v_0 \cos \alpha \quad . \quad . \quad . \quad . \quad (1)$$

bleibt. Demgegenüber steht die Vertikalbewegung unter dem Einfluß der Erdbeschleunigung, verläuft also, wenn wir v_y

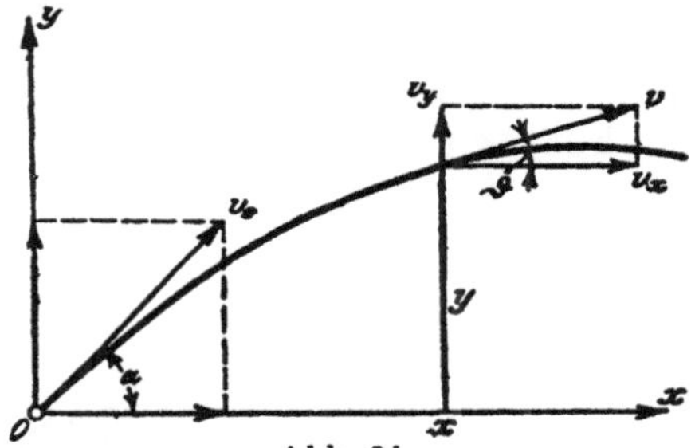

Abb. 34.
Geschwindigkeitszerlegung auf der Geschoßbahn.

positiv nach oben rechnen, wegen der umgekehrten Richtung von g als gleichförmig verzögert nach der Formel

$$\frac{dy}{dt} = v_y = v \sin \vartheta = v_0 \sin \alpha - g \quad . \quad . \quad . \quad (2)$$

Die Integration beider Gleichungen nach der Zeit liefert, wenn wir den Anfangspunkt des Koordinatensystems in die Rohrmündung verlegen und die Zeitmessung mit dem Geschoßaustritt aus dieser beginnen,

$$\left.\begin{aligned} x &= v_0 t \cos \alpha \\ y &= v_0 t \sin \alpha - \frac{g}{2} t^2 \end{aligned}\right\} \quad . \quad . \quad . \quad . \quad . \quad (3)$$

Quadrieren und addieren wir die Formeln (1) und (2) und beachten, daß

$$v_x^2 + v_y^2 = v^2,$$

so wird

$$v^2 = v_0^2 - 2g\left(v_0 t \sin \alpha - \frac{g}{2} t^2\right)$$

oder wegen der zweiten Gleichung (3) auch

$$v^2 = v_0^2 - 2gy \quad . \quad . \quad . \quad . \quad . \quad . \quad . \quad . \quad . \quad (4),$$

d. h. die Bahngeschwindigkeit hängt nur von der Höhe über der Erdoberfläche ab. Da fernerhin nach Gl. (1) und (2) mit Rücksicht auf die zweite Formel (3)

$$\left.\begin{aligned} \cos\vartheta &= \frac{v_x}{v} = \frac{v_0 \cos\alpha}{\sqrt{v_0^2 - 2gy}} \\ \sin\vartheta &= \frac{v_y}{v} = \sqrt{\frac{v_0^2 \sin^2\alpha - 2gy}{v_0^2 - 2gy}} \end{aligned}\right\} \quad . \quad . \quad . \quad (5),$$

so ist auch der Neigungswinkel der Bahn nur von der Höhe abhängig. Insbesondere wird das Geschoß

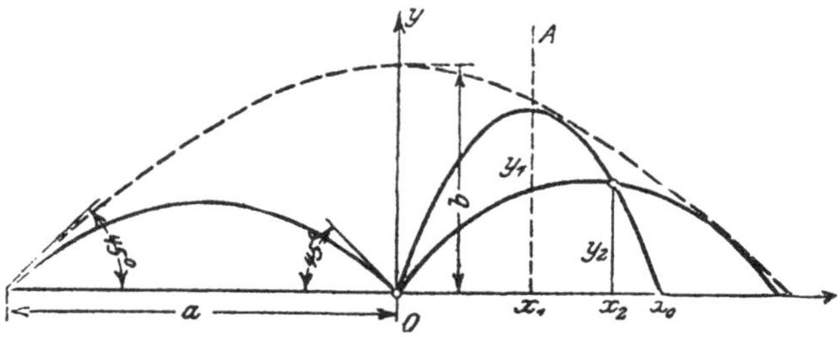

Abb. 35. Wurfparabeln.

hiernach ein in gleicher Höhe mit der Rohrmündung liegendes Ziel mit der Mündungsgeschwindigkeit und einem mit der Erhebung übereinstimmenden Auftreffwinkel erreichen. Scheiden wir aus den Formeln (3) die Zeit aus, so erhalten wir die Bahngleichung

$$y = x \operatorname{tg}\alpha - \frac{g x^2}{2 v_0^2 \cos^2\alpha} \quad . \quad . \quad . \quad . \quad . \quad (6),$$

welche ersichtlich eine Parabel, Abb. 35, mit senkrechter Achse A bestimmt. Für die Wurfweite x_0 liefert Gl. (6) mit $y = 0$:

$$x_0 \left(\operatorname{tg}\alpha - \frac{g x_0}{2 v_0^2 \cos^2\alpha} \right) = 0,$$

die beiden Wurzeln $x_0 = 0$, d. h. den Ausgangspunkt, und

$$x_0 = \frac{2 v_0^2}{g} \sin\alpha \cos\alpha = \frac{v_0^2}{g} \sin 2\alpha \quad . \quad . \quad . \quad (7)$$

mit dem Höchstwerte

$$a = \frac{v_0^2}{g} \quad . \quad . \quad . \quad . \quad . \quad . \quad . \quad . \quad . \quad (7a)$$

für die Erhebung $\alpha = 45^0$. Der Parabelscheitel hat hiernach die Koordinaten

$$\left.\begin{aligned} x_1 &= \frac{v_0^2}{2g} \sin 2\alpha \\ y_1 &= \frac{v_0^2}{2g} \sin^2 \alpha \end{aligned}\right| \quad \ldots\ldots (7b),$$

deren letztere wiederum für $\alpha = 90^0$, d. h. für den senkrechten Wurf den Höchstwert

$$b = \frac{v_0^2}{2g} \quad \ldots\ldots\ldots (7c)$$

annimmt.

Hat man mit einer Schußwaffe, durch deren Ladung die Mündungsgeschwindigkeit v_0 gegeben ist, ein bestimmtes Ziel mit den Koordinaten $x_2 y_2$ zu erreichen, so setzt dies die Kenntnis des zugehörigen Erhebungswinkels α voraus, der sich aus Gl. (6) mit

$$\cos^2 \alpha = \frac{1}{1 + \mathrm{tg}^2 \alpha}$$

berechnen läßt. Man erhält durch Auflösung der quadratischen Gleichung

$$\mathrm{tg}\, \alpha = \frac{v_0^2}{g x_2} \pm \frac{1}{g x_2} \sqrt{v_0^4 - 2 v_0^2 g y_2 - g^2 x_2^2} \quad . . (8),$$

also im allgemeinen zwei Erhebungswinkel, denen dann auch, wie in Abb. 35 angedeutet, zwei verschiedene Flugbahnen entsprechen. Von diesen verläuft die eine flach und ist zur Beschießung des sichtbaren Zieles von vorn durch Gewehre und Feldgeschütze geeignet, während die steilere Flugbahn der meist schwereren Mörser das gedeckte Ziel von oben erreicht. Wie aus der ersten Gleichung (3) hervorgeht, ist die für die Einstellung der Geschoßzünder maßgebende Flugzeit

$$t = \frac{x_2}{v_0 \cos \alpha}$$

beim Steilschuß länger als beim Flachschuß. Die Formel (8) liefert indessen nur solange reelle Erhebungswinkel α, als

$$v_0^2 (v_0^2 - 2 g y_2) > g^2 x_2^2 \quad \ldots\ldots (8a)$$

bleibt. Damit sind Ziele ausgeschlossen, welche jenseits der zur y-Achse symmetrischen, in Abb. 35 gestrichelten Parabel

$$v_0^4 - 2v_0^2 g y_2 - g^2 x_2^2 = 0 \quad \ldots \ldots \quad (9)$$

liegen. Diese hat die größte Wurfhöhe b als Scheitelordinate und die größte Wurfweite $\pm a$ als Horizontalabszisse; der von ihr eingehüllte Raum kann als Schußbereich für die Mündungsgeschwindigkeit v_0 bezeichnet werden. Die auf der alle Flugbahnen umhüllenden Parabel Gl. (9) liegenden Ziele werden alsdann mit nur einem durch

$$\operatorname{tg} \alpha = \frac{v_0^2}{g x_2} = \frac{v_0}{\sqrt{v_0^2 - 2 g y_2}} \quad \ldots \quad (9\text{a})$$

bestimmten Erhebungswinkel und der Auftreffgeschwindigkeit

$$v = \sqrt{v_0^2 - 2 g y_2} = \frac{g x_2}{v_0}. \quad \ldots \ldots \quad (9\text{b})$$

erreicht, während der Auftreffwinkel sich wieder aus Gl. (5) berechnet.

Die vorstehenden Rechnungen liefern z. B. für die Mündungsgeschwindigkeit $v_0 = 550$ m/sk bei der

Erhebung	eine Schußweite	Schußhöhe	Flugdauer
$\alpha = 20^0$	$x_0 = 19{,}5$ km	$y_1 = 1{,}8$ km	$t = 38{,}6$ sk
45^0	30,4 »	7,6 »	78,3 »
70^0	19,5 »	13,4 »	105,0 »
90^0	0 »	15,4 »	112,0 »

Das in der Horizontalentfernung $x_0 = 19{,}5$ km liegende Ziel wird hiernach durch zwei Erhebungswinkel erreicht, die sich zu 90^0 ergänzen, so daß der in Gl. (7) auftretende $\sin 2\alpha$ für beide denselben Wert hat. Im übrigen sei noch darauf hingewiesen, daß für die Bewegung im luftleeren Raume weder die Größe noch auch die Gestalt der Geschosse in Frage kommt, ebensowenig auch eine etwa vorhandene Drehung, die während des Fluges keine Änderung erleiden würde.

Dagegen wird die vorbeschriebene Bewegung noch durch die Kugelgestalt der Erde und die damit zusammenhängende Veränderlichkeit der Erdbeschleunigung in der Vertikalen sowie schließlich durch die Erddrehung selbst beeinflußt.

Die Kugelgestalt der Erde bedingt zunächst die Richtung der Erdbeschleunigung nach dem Kugelmittelpunkte sowie deren Änderung mit dem Quadrate des Abstandes hiervon. Daraus folgt streng genommen als Flugbahn eine Ellipse mit dem Erdmittelpunkt als dem ferneren Brennpunkt. Man übersieht indessen sofort, daß infolge der Größe des Erdhalbmessers von rd. $r_0 = 6370$ km das über die Erdoberfläche herausragende Bahnstück, Abb. 36, sich nur verschwindend wenig von einer Parabel unterscheiden kann. Für die Erd-

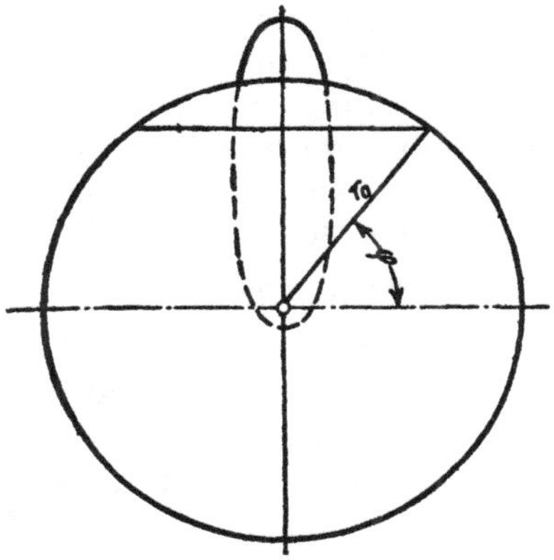

Abb. 36.
Einfluß der Kugelgestalt der Erde auf die Geschoßbahn.

beschleunigung g im Abstande $r = r_0 + h$ haben wir dann, wenn ihr Wert an der Erdoberfläche g_0 beträgt,

$$g = \frac{g_0 r_0^2}{r^2} = \frac{g_0 r_0^2}{(r_0 + h)^2} = \text{rd. } g_0 \left(1 - 2 \frac{h}{r_0}\right) \quad . \ . \ (10)$$

woraus bei einer Höhe von $h = 6{,}37$ km erst eine Änderung um 2 : 1000 folgt. Die weiteren Änderungen der Erdbeschleunigung mit der geographischen Breite infolge der Abweichung des Erdkörpers von der Kugelgestalt und der Erddrehung spielen sogar hiergegen keine Rolle, da die Breitenänderung bei der Geschoßbewegung nahezu verschwindend ist. Die Erddrehung bedingt dagegen, da die am Äquator $u_0 = 1670$ km/st $= 463$ m/sk betragende Umfangsgeschwindigkeit der Erdoberfläche mit zunehmender Breite φ nach der aus Abb. 36 ohne weiteres verständlichen Formel

$$u = u_0 \cos \varphi \quad . \quad . \quad . \quad . \quad . \quad . \quad . \quad . \quad . \quad (11)$$

abnimmt, eine der Breitenänderung $\Delta\varphi$ beim Schuß proportionale Geschwindigkeitskomponente

$$\Delta u = - u_0 \sin \varphi \Delta\varphi$$

in der Ost-Westrichtung, die bei der Größe von u_0 für erhebliche Schußweiten immerhin ins Gewicht fällt. Man erkennt leicht, daß sich hieraus auf der Nordhalbkugel der Erde stets eine Rechtsabweichung, auf der Südhalbkugel dagegen eine Linksabweichung des Geschosses aus der Flugbahnebene ergibt. Haben wir es z. B. in einer geographischen Breite von $\varphi = 45^0$ mit einer Schußweite von 11 km in der Nordsüdrichtung zu tun. so ist $\Delta\varphi = 0{,}1^0 = 0{,}00175$, also

$$\Delta u = 0{,}54 \text{ m/sk}.$$

Bei einer Schußdauer von 20 sk würde daraus schon eine Seitenabweichung von 10,8 m hervorgehen, die jedenfalls nicht ganz zu vernachlässigen ist.

Dagegen kommt ieser Abweichung gegenüber der Einfluß der Erdkrümmung, d. i. der Unterschied des Bogens und der Sehne zwischen der Abschußstelle und dem Ziel, nicht in Betracht, obschon bei 11 km Schußweite die Pfeilhöhe des Bogens über der Sehne schon 9,6 m beträgt.

§ 13.

Der Luftwiderstand der Geschosse.

Bewegt man einen festen Körper durch eine Flüssigkeit, so wird diese von dem Körper zur Seite gedrängt und tritt hinter ihm wieder zusammen. Außerdem aber haftet eine Oberflächenschicht am Körper selbst, nimmt also an dessen Bewegungen teil, während die Schichten zu beiden Seiten nach außen hin abnehmende Geschwindigkeiten parallel der des Körpers besitzen, die vollständig erst im Unendlichen verschwinden. Diese hauptsächlich durch Versuche an Schiffsmodellen festgestellte Erscheinung bringt es mit sich, daß der

Körper auch bei wagerechter und gleichförmiger Bewegung einen **Widerstand** erfährt, der seinem größten Querschnitt F senkrecht zur Bewegungsrichtung, dem Flüssigkeitsgewicht γ_1 der Volumeneinheit und außerdem einer mit der Geschwindigkeit v wachsenden Funktion $f(v)$ proportional ist. Wir dürfen daher mit der Körpermasse m und einem von der Form und Beschaffenheit der Oberfläche abhängigen Beiwert k für den Widerstand

$$m \frac{dv}{dt} = -k F \gamma_1 f(v) = -W \quad . \quad . \quad . \quad (1)$$

schreiben. Ersetzen wir die Körpermasse unter Einführung des Gewichtes γ der Einheit des Volumens Fl, wobei l die mittlere Körperlänge in der Bewegungsrichtung bedeutet, durch

$$m = \frac{\gamma}{g} F l \quad . \quad . \quad . \quad . \quad . \quad . \quad . \quad (2),$$

so wird aus Gl. (1)

$$\frac{dv}{dt} = -\frac{k g \gamma_1}{\gamma l} f(v) = -\frac{k_0 \gamma_1}{\gamma l} f(v) \quad . \quad . \quad . \quad (1a)$$

In dieser Formel bezeichnet man das Produkt γl, d. h. das auf die Querschnittseinheit bezogene Körpergewicht, auch als die **Querschnittsbelastung, der danach unter sonst gleichen Verhältnissen die Verzögerung umgekehrt proportional ausfällt.**

Nun beträgt für ein S-Geschoß, die leichten und die schweren Granaten

vom Kaliber	0,79	7,7	15	21 cm
und Gewicht	0,01	6,9	41	82 kg
die Querschnittsbelastung	20,4	148	232	236 g/qcm.

Danach ist zu erwarten, daß bei gleichen Erhebungswinkeln und derselben Mündungsgeschwindigkeit die schweren Granaten die größte, das S-Geschoß des Infanteriegewehres dagegen die kleinste Schußweite erreichen, was auch durch die Erfahrung bestätigt wird. Außerdem erkennt man, daß die Querschnittsbelastung von Kugelgeschossen sich zu $^4/_3\, r\gamma$ berechnet, also bei gleichem Seelenhalbmesser r stets kleiner ausfällt als diejenige eines Langgeschosses von demselben Volumengewicht γ.

Die Berechnung der Geschoßbahn in der Luft setzt nun außer der Kenntnis des Beiwertes k in Gl. (1) noch diejenige der Form von $f(v)$ voraus, die für mäßig große Werte von v unterhalb der Schallgeschwindigkeit in der Luft (d. i. 334 m/sk) nahezu v^2 und für sehr kleine Geschwindigkeiten diesen selbst proportional wird. Das letztere deutet auf den Einfluß der inneren Reibung hin, der beim Anwachsen der Geschwindigkeit gegenüber der Energieübertragung an die umgebende Flüssigkeit, welche das quadratische Glied bedingt, stark zurücktritt. Am klarsten wird dieses Verhalten aus dem Quotienten von W und dem Quadrate der Geschwindigkeit, welcher in dem besprochenen Bereich mit zwei Konstanten $\varkappa$ und μ durch die Formel

$$\frac{W}{v^2} = \varkappa F + \frac{\mu l}{v} \quad . \quad . \quad . \quad . \quad . \quad . \quad . \quad (3)$$

entsprechend Abb. 37 dargestellt werden kann. Nähert man sich aber mit v der schon erwähnten Schallgeschwindigkeit,

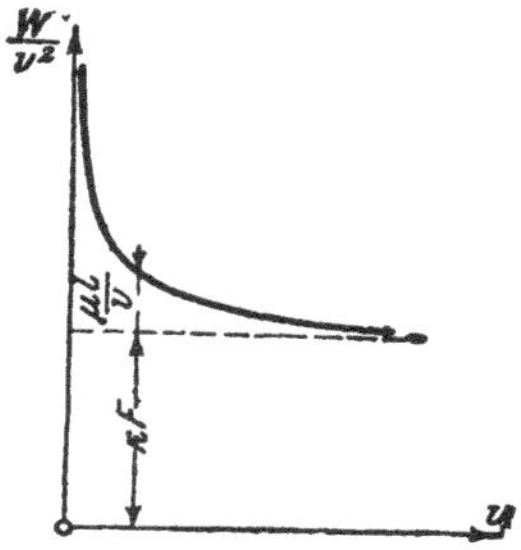

Abb. 37.
Theoretische Widerstandskurve für kleine Geschwindigkeiten.

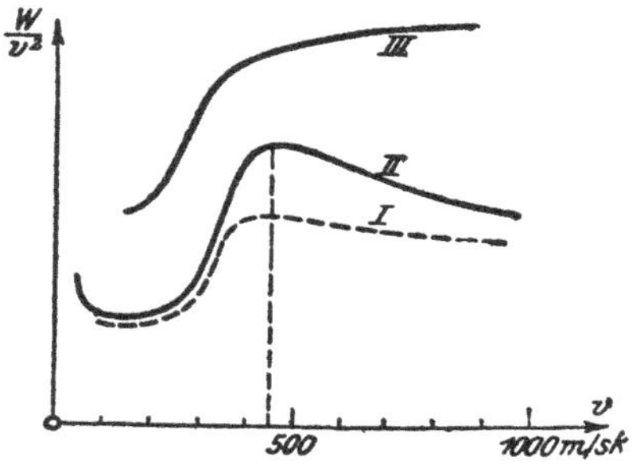

Abb. 38.
Widerstandskurven nach Versuchen.

so steigt der Quotient Gl. (3) stark an und nähert sich nach Überschreiten eines Höchstwertes, der nach Versuchen von Becker, Cranz und v. Eberhardt[1]) etwa bei $v = 430$ m/sk liegt, wieder einer allerdings größeren Konstanten asymptotisch, Abb. 38, Kurven I und II. Eine Ausnahme

[1]) Becker und Cranz, Messungen über den Luftwiderstand für große Geschwindigkeiten, sowie v. Eberhardt, Neue Versuche über Luftwiderstand, Artilleristische Monatshefte 1912.

hiervon scheinen nach Cranz nur rein zylindrische Geschosse zu machen, bei denen das Ansteigen der Kurve III innerhalb des Versuchsbereiches anhielt. Auch verlief diese praktisch bedeutungslose Kurve erheblich höher als die Linien I für das scharf zugespitzte S-Geschoß und II für eine Granate mit viel stumpferem Kopf. Daß die Schallgeschwindigkeit für die Geschoßbewegung eine ausschlaggebende Rolle spielt, lehrten schon die seit 1887 bekannten, nach Töplers Schlierenverfahren aufgenommenen Lichtbilder fliegender Geschosse des Physikers E. Mach[1]), Abb. 39 und 40, die nach dem Überschreiten der Schallgeschwindigkeit eine Wellenbildung deutlich erkennen lassen, welche der von einem rasch bewegten Boot an der Wasseroberfläche erregten auffallend ähnelt. Mach erklärt auch das Auftreten der vorderen, sich im Lichtbild scharf abhebenden Wellenfläche AXA aus der Interferenz der von der Geschoßspitze in jeder Lage O ausgehenden Kugelwellen KK, Abbildung 41. Diese würden

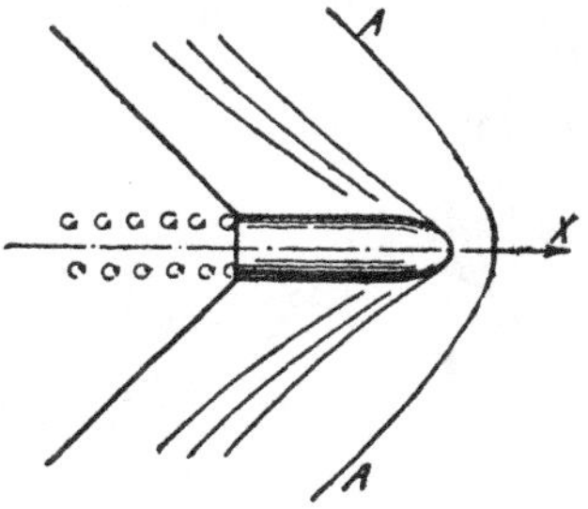

Abb. 39.
Fliegendes Geschoß.

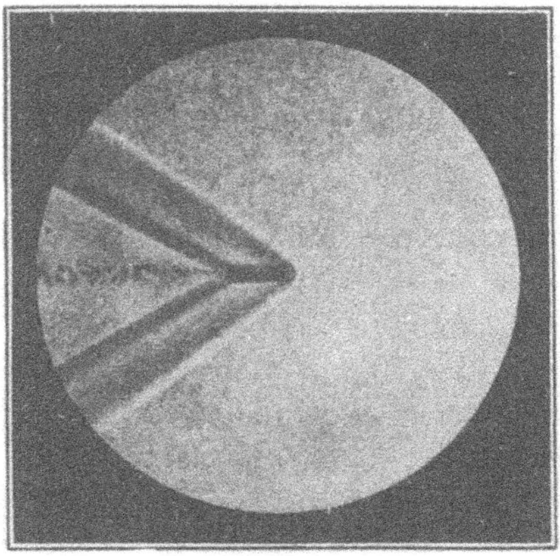

Abb. 40.
Fliegendes Geschoß. Aufnahme von Cranz.

---

[1]) Sitzungsberichte der Wiener Akademie der Wissenschaften 1887 bis 1896. Vgl. auch den überaus lesenswerten Vortrag Mach, »Über Erscheinungen fliegender Projektile«, in seinen populärwissenschaftlichen Vorlesungen, Leipzig 1903. Das Lichtbild, Abbildung 40, ist dem schon erwähnten Aufsatze von Cranz, Jahrb. d. Schiffb. Ges. 1911, entnommen.

bei einem unendlich dünnen stabförmigen Geschoß von einem geraden Kreiskegel mit der Spur AXA als Wellenfläche eingehüllt werden, der nur in Abb. 39 infolge der endlichen Geschoßdicke eine hyperboloidartige Abrundung erfährt. Wenn in Abb. 41 die Geschoßspitze den Weg OX in derselben Zeit zurücklegt, wie die von ihr erregte Welle den Weg OA mit der Schallgeschwindigkeit a, so ergibt sich der Winkel δ des einhüllenden Kegels aus

$$\sin \delta = \frac{a}{v} \quad . \quad . \quad (4)$$

Diese Formel verliert für $v < a$ ihren Sinn, d. h. die beobachtete Wellenfläche ist an die Überschreitung der Schallgeschwindigkeit gebunden und tritt vorher nicht in Erscheinung. Es liegt dies einfach daran, daß für kleinere Geschwindigkeiten die von der Geschoßspitze erregte Welle vor ihr davoneilt, oder daß der Kreis um O mit dem Halbmesser a die Bewegungsrichtung außerhalb der Strecke $OX = v$ schneidet.

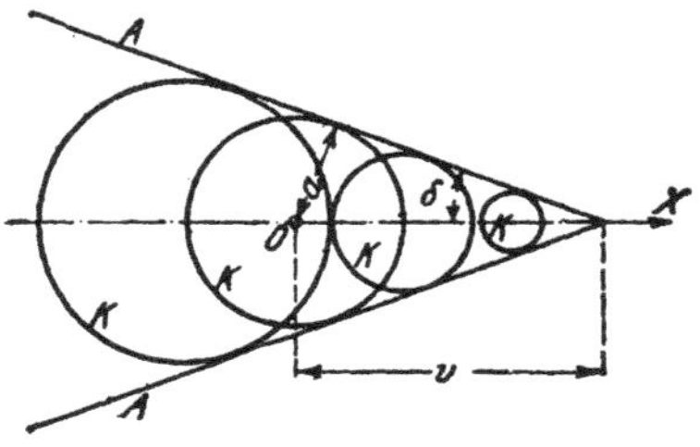

Abb. 41.
Entstehung der Wellen um ein bewegtes Geschoß.

Die Schallgeschwindigkeit hängt nun aufs engste mit der absoluten Temperatur $T = 273^0 + \tau^0$, wo τ^0 die Anzahl der Grade über dem Eispunkt des hundertteiligen Thermometers bedeutet, zusammen. Und zwar erhält man mit dem Verhältnis $c_p : c_v = 1{,}41$ der spezifischen Wärmen der Luft bei konstantem Druck und konstanter Temperatur sowie der Gaskonstanten $R = 29{,}27$ für die Schallgeschwindigkeit

$$a = \sqrt{g R \frac{c_p}{c_v} T} \quad . \quad . \quad . \quad . \quad . \quad . \quad (5)$$

Da nun die Temperatur T mit der Höhe im allgemeinen abnimmt, so gilt dies auch für die Schallgeschwindigkeit. Andererseits steckt im Luftwiderstand nach (1) das spezifische

Luftgewicht γ_1, welches mit der Höhe y ebenfalls abnimmt und zwar ungefähr nach der Formel[1])

$$\gamma_1 = \gamma_0 \, e^{-0{,}00011\, y} \quad \ldots\ldots\ldots \quad (6)$$

die sich für geringe Höhen, d. h. $y < 2000$ m, welche bei Flachbahnen selten überschritten werden, in

$$\gamma_1 = \gamma_0 (1 - 0{,}00011\, y) \quad \ldots\ldots \quad (6a)$$

vereinfacht. Hierin bedeutet γ_0 das spezifische Luftgewicht am Erdboden, welches bei einem Barometerstand B in mm Quecksilbersäule und einer Temperatur τ^0 C unter Vernachlässigung des Wasserdampfgehaltes

$$\gamma_0 = \frac{1{,}295 \cdot B}{760\,(1 + 0{,}00367\,\tau)} \quad \ldots\ldots \quad (6b)$$

gesetzt werden darf.

Für die Messung des Luftwiderstandes bedient man sich einer Versuchstrecke von der Länge x, an deren beiden Enden die Geschwindigkeiten v_1 und v_2 dadurch bestimmt werden, daß das Geschoß kurz hintereinander befindliche elektrische Kontakte aus- oder einschaltet, während ein Chronograph die dazwischen verflossenen Zeiten selbsttätig aufzeichnet. An die Stelle dieses letzteren Verfahrens tritt neuerdings nach dem Vorschlage von Cranz die zeitlich feststellbare Lichtbildaufnahme des Geschosses in mehreren aufeinander folgenden Lagen an beiden Enden der Versuchstrecke. Diese selbst muß groß sein gegenüber dem Abstand der zusammengehörigen Kontakte bzw. der durch das Lichtbild aufgenommenen Lagen; sie darf aber auch nicht so lang gewählt werden, daß die Bahnkrümmung infolge des Einflusses der Erdbeschleunigung merkbar wird. Alsdann liefert die Arbeitsgleichung

$$m\,(v_1^2 - v_2^2) = 2\,W x \quad \ldots\ldots\ldots \quad (7)$$

den Mittelwert W des Luftwiderstandes auf dem Wege x, der unter der Annahme einer gleichförmigen Verzögerung der mittleren Geschwindigkeit $\frac{1}{2}(v_1 + v_2)$ zugeordnet werden darf. Auf diesem Wege erhielt z. B. Cranz a. a. O. für das S-Geschoß bei normaler Luftdichte $\gamma_1 = 1{,}22$ kg/cbm die nach-

[1]) C. Veithen, Über die Abnahme des spezifischen Luftgewichts mit der Höhe. Art. Monatshefte 1917, S. 104.

stehenden Werte des auf die Einheit der Querschnittsfläche bezogenen Widerstandes $W:F$ in kg/qcm, denen außerdem noch die den Kurven Abb. 35 entsprechenden Werte von $W:Fv^2$, multipliziert mit 10^6, sowie die Verzögerungen $W:m$ hinzugefügt wurden.

$v=$ 250	300	350	400	425	500	750	1000 m/sk
$W:F=$ 0,072	0,11	0,32	0,46	0,52	0,68	1,19	1,74 kg/qcm
$10^6 W:Fv^2=$ 1,15	1,27	2,61	2,89	2,90	2,74	2,12	1,74.
$W:m=$ 36,7	56	163	234	265	346	607	886 m/sk².

Die Verzögerungen sind im Versuchsbereich durchweg ein Vielfaches der Erdbeschleunigung und müssen darum die Flugbahn im lufterfüllten Raume gegenüber derjenigen im luftleeren ausschlaggebend beeinflussen. Wenn sie auch für Artilleriegeschosse entsprechend der größeren Querschnittsbelastung erheblich kleiner ausfallen, so bleiben sie doch immerhin stets von derselben Größenordnung wie die Erdbeschleunigung und dürfen darum in keinem praktischen Falle für die Flugbahnberechnung außer acht gelassen werden.

§ 14.

Die Abhängigkeit des Luftwiderstandes von der Geschwindigkeit.

Es ist bisher noch nicht gelungen, die aus Versuchen bekannte Veränderlichkeit des Widerstandes eines in tropfbarer oder elastischer Flüssigkeit gleichförmig fortschreitenden festen Körpers mit der Geschwindigkeit aus den Differentialgleichungen dieser Flüssigkeiten mit oder ohne Berücksichtigung der Zähigkeit zu berechnen. Es handelt sich dabei im allgemeinen um sehr verwickelte dreidimensionale Bewegungen der Flüssigkeitsteile in der Umgebung des Körpers, deren mathematisch strenge Behandlung, die augenblicklich noch nicht einmal für die Wellenbewegung reibungsloser Flüssigkeiten restlos durchgeführt ist, vorläufig ganz aussichtslos erscheint. Einigen Erfolg dagegen verspricht die Ermittelung des Energiebedarfs der bei der Beobachtung besonders hervortretenden Vorgänge. Selbstverständlich bedarf eine auf dieser rein phänomenologischen Grundlage gewonnene Näherungsformel für den Widerstand der Prüfung durch die Erfahrung, wofür glücklicherweise hinreichende Versuche vorliegen.

Die hier in Frage kommenden Vorgänge zerfallen nun, wie die Beobachtung von einem fahrenden Schiffe sofort zeigt, in ein Mitnehmen der umgebenden Flüssigkeit und eine Wellenbewegung der letzteren. Die Mitnahme erfolgt zweifellos durch Vermittelung von Reibungskräften zwischen den aneinander hingleitenden Schichten, von denen die an den festen Körper angrenzende daran haftet und somit an dessen Bewegung teilnimmt, während in großem, streng genommen unendlichem Abstande davon Ruhe herrscht. Dieser letzteren Bedingung werden nun die auf Navier und Stokes zurückgehenden Bewegungsgleichungen zäher Flüssigkeiten[1]), die sich für die langsame Laminarströmung in engen Röhren bewährt haben, insofern nicht gerecht, als sie auf eine parabolische Geschwindigkeitsverteilung führen. Dagegen haben Versuche von Calvert am Hinterteil eines Modellbootes, sowie solche der Neptune Works in Newcastle am Modell des Schnelldampfers Mauretania eine merklich asymptotische Abnahme dieses sog. Vorstromes nach außen hin ergeben[2]). Genau dieselbe Erscheinung ist natürlich auch in der Umgebung eines rasch durch die Luft bewegten Körpers, z. B. eines Geschosses, zu erwarten, dessen von Mach nach dem Töplerschen Schlierenverfahren aufgenommene Wellenbildung überdies den Schiffswellen sehr ähnelt. Da ferner die Intensität aller dieser Wellen mit der Entfernung vom bewegten Körper stark abnimmt, so wollen wir diese Abnahme sogleich auf die resultierende Geschwindigkeit eines Flüssigkeitselements erstrecken. Beschränken wir unsere Untersuchung auf axial bewegte, langgestreckte Rotationskörper, deren eine Hälfte demnach dem eingetauchten Teile eines Schiffes in

---

1) Vgl. z. B. Lorenz, Techn. Hydromechanik, 1910, S. 419ff.

2) Calvert, On the measurement of water current, Inst. Nav. Architects 1893. Vgl. auch Jahrb. d. schiffsbautechn. Gesellschaft 1914, S. 559.

grober Annäherung entsprechen würde, so möge in einer Normalebene zur Achse an der Körperoberfläche mit dem Achsenabstand r_1 die Geschwindigkeit w_1 herrschen (Abb. 42).

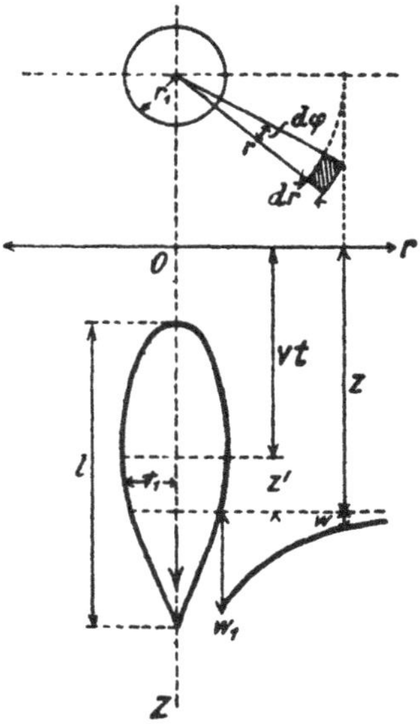

Abb. 42.
Geschwindigkeitsänderung in der Geschoßumgebung.

Dieser kann dann im Abstande r die resultierende Flüssigkeitsgeschwindigkeit w durch die empirische Formel

$$w = w_1 \, e^{\varkappa_0 \left(1 - \frac{r^2}{r_1^2}\right)} \quad . \; . \; . \; (1)$$

zugeordnet werden, welche nicht nur den oben erwähnten Grenzbedingungen, sondern auch der Achsensymmetrie genügt, und weiterhin eine Veränderlichkeit von w bzw. w_1 in der Bewegungsrichtung zuläßt. Bei der Fortbewegung der mit dem Körper verbundenen Normalebene um dz durchstreicht das Flächenelement $r\,dr\,d\varphi$ das Volumenelement $r\,dr\,d\varphi\,dz$, in dem mit dem spezifischen Flüssigkeitsgewicht γ und der Erdbeschleunigung g eine Masse $\frac{\gamma}{g}\,r\,dr\,d\varphi\,dz$ enthalten ist, der durch Vermittelung der Flüssigkeitsreibung die kinetische Energie

$$dL_1 = \frac{\gamma}{2g}\,w^2\,r\,dr\,d\varphi\,dz \quad . \; (2)$$

erteilt wird. Die Einführung von (1) und Integration über die Normalebene außerhalb des Körperquerschnitts $\pi r_1^2 = F$ liefert alsdann

$$\frac{dL_1}{dz} = \frac{\pi\gamma}{2g}\,w_1^2 \int_{r_1}^{\infty} e^{2\varkappa_0\left(1 - \frac{r^2}{r_1^2}\right)}\,r\,dr = \frac{\pi\gamma}{4\varkappa_0 g}\,r_1^2\,w_1^2 \quad . \; (2\mathrm{a})$$

Da nun der Bewegungszustand im Abstande r von der Achse durch das Fortschreiten des ganzen Körpers bedingt ist, so werden wir zweckmäßig an Stelle von w_1^2 in (2a) dessen Mittelwert w_0^2 sowie den größten Querschnitt F_0 einführen, also mit einer neuen Konstante $\varkappa_1$ kurz

$$d L_1 = \varkappa_1 F_0 w_0^2 \, dz \quad \ldots \ldots \quad (2\text{b})$$

schreiben. Auf dem gleichen Wege dz wird aber zur Überwindung der Zähigkeit an der Körperoberfläche F' die Arbeit

$$d L_2 = -\mu_0 \left(\frac{\partial w}{\partial r}\right)_1 dF' \, dz \quad \ldots \ldots \quad (3)$$

geleistet, worin der Zeiger 1 die Gültigkeit der Ableitung für den Oberflächenradius r_1 andeuten soll. Streng genommen wäre die Ableitung nicht nach dem Radius, sondern nach der Flächennormale zu nehmen und nur die Axialkomponente des Produktes mit dF' einzuführen. Für geringe Abweichungen der Normale vom Radius, wie wir sie hier stets voraussetzen, ist dagegen unser Ansatz (3) ebenso zulässig wie die Näherungsformel

$$dF' = r_1 \, d\varphi \, dz' \quad \ldots \ldots \ldots \quad (4)$$

für das Element der Körperoberfläche mit der Achsenprojektion dz' des Bodendifferentials im Meridianschnitt. Aus der Verbindung von (1) mit (3) und (4) ergibt sich dann durch Integration über den Umfang 2π und die Körperlänge l (Abb. 42)

$$\frac{d L_2}{dz} = 2 \mu_0 \varkappa_0 \int_0^{2\pi} d\varphi \int_0^l w_1 \, dz' = 4 \pi \mu_0 \varkappa_0 \int_0^l w_1 \, dz'$$

oder mit einer neuen Abkürzung μ sowie Einführung eines Mittelwertes w_0 wie in (2a)

$$d L_2 = 4 \mu l w_0' \, dz \quad \ldots \ldots \quad (3\text{a})$$

Der gesamte Arbeitsaufwand auf dem Wege dz ist dann die Summe von (2a) und (3a) und liefert nach Division mit dz den Widerstand

$$W = \frac{d(L_1 + L_2)}{dz} = \varkappa_1 F_0 w_0^2 + \mu l w_0' \quad \ldots \quad (5)$$

Für die Bildung der Mittelwerte w_0^2 und w_0' erinnern wir uns, daß die resultierende Geschwindigkeit w in drei

Komponenten w_z, w_r und w_n in axialer, radialer und tangentialer Richtung zerfällt. Von diesen kommt für die Reibung an der Körperoberfläche nur die Axialgeschwindigkeit w_z in Frage, die mit hinreichender Genauigkeit mit der Bahngeschwindigkeit v des Körpers übereinstimmt. Infolgedessen dürfen wir auch im zweiten Gliede von (5) für den Mittelwert kurz

$$w_0' = w_z = v \quad . \quad . \quad . \quad . \quad (5a)$$

schreiben. Eine tangentiale oder Rotationskomponente tritt nur bei Drallgeschossen auf und folgt mit einem Drallwinkel χ sogleich aus der Bahngeschwindigkeit zu $v \operatorname{tg} \chi$. Dagegen ändert sich die Radialkomponente infolge der Verdrängung periodisch mit dem Abstande z' vom größten Körperquerschnitt und gibt dadurch Anlaß zu der eingangs erwähnten Wellenbildung, die im Falle eines Schiffes an der Wasseroberfläche sich in Transversalwellen kundgibt, während bei Geschossen in der Luft longitudinale Schallwellen entstehen. Mithin erhalten wir mit dem noch zu bestimmenden Mittelwerte u^2 von w_r^2

$$w_0^2 = v^2 (1 + \operatorname{tg}^2 \chi) + u^2 \quad . \quad . \quad . \quad . \quad (5b)$$

Bezeichnen wir nun den radialen Ausschlag eines Flüssigkeitsteilchens aus seiner Ruhelage mit ξ und seine Schwingungsdauer mit t_0, so verläuft mit $a t_0 = 2\pi$ und einem Dämpfungsfaktor ξ die freie Schwingung nach der Formel

$$\frac{d\xi}{dt^2} + \varepsilon \frac{d\xi}{dt} + a^2 \xi = 0 \quad . \quad . \quad . \quad . \quad . \quad . \quad (6)$$

Diese Schwingung schreitet bei einer Wellenlänge λ mit der Geschwindigkeit a derart fort, daß

$$\lambda = a t_0 = \frac{2\pi a}{a} \quad . \quad . \quad . \quad . \quad . \quad . \quad . \quad (6a)$$

ist. Infolge des Vorbeistreichens des festen Körpers erfährt nun das Flüssigkeitsteilchen eine radiale Zwangsbeschleunigung

$$q = \frac{v^2}{\varrho} \sin(\varrho, z) \quad . \quad . \quad . \quad . \quad . \quad . \quad . \quad . \quad (7)$$

an der Körperoberfläche mit dem Krümmungsradius ϱ, wofür wir auch in erster Annäherung wegen der Sinusform der Relativbahn

$$q = v^2 \left(M \cos 2\pi \frac{z'}{\lambda} + N \sin 2\pi \frac{z'}{\lambda} \right)$$

oder mit

$$z' = v t, \quad \frac{2\pi v}{a} = \omega \quad \ldots \ldots \quad (7\text{a})$$

$$q = v^2 (M \cos \omega t + N \sin \omega t) \quad \ldots \quad (7\text{b})$$

schreiben dürfen. Damit aber tritt an Stelle von (6) die Differentialgleichung der erzwungenen Schwingung

$$\frac{d\xi}{dt^2} + \varepsilon \frac{d\xi}{dt} + a^2 \xi = q \quad \ldots \ldots \quad (8)$$

deren Integral wegen (7b) die Form

$$\xi = C \cos \omega t + D \sin \omega t \quad \ldots \ldots \quad (8\text{a})$$

besitzt. Hierin bestimmen sich die Faktoren C und D durch Einsetzen von (7b) und (8a) zu

$$\left.\begin{aligned} C &= v^2 \frac{M (a^2 - \omega^2) - N \varepsilon \omega}{(a^2 - \omega^2)^2 + \varepsilon^2 \omega^2} \\ D &= v^2 \frac{N (a^2 - \omega^2) + M \varepsilon \omega}{(a^2 - \omega^2)^2 + \varepsilon^2 \omega^2} \end{aligned}\right\} \quad \ldots \ldots \quad (8\text{b})$$

Aus (8a) folgt ferner die periodische Radialgeschwindigkeit

$$w_r = \frac{d\xi}{dt} = \omega (D \cos \omega t - C \sin \omega t) \quad \ldots \quad (9)$$

mit dem Quadrate

$$w_r^2 = \omega^2 \left(\frac{C^2 + D^2}{2} - \frac{C^2 - D^2}{2} \cos 2\omega t - C D \sin 2\omega t \right) \quad (9\text{a})$$

dessen Mittelwert sich mit (8b) zu

$$u^2 = \omega^2 \frac{C^2 + D^2}{2} = \frac{\omega^2 v^4}{2} \frac{M^2 + N^2}{(a^2 - \omega^2)^2 + \varepsilon^2 \omega^2} \quad \ldots \quad (9\text{b})$$

berechnet. Führen wir an Stelle der Frequenzen a und ω der freien und erzwungenen Schwingungen die Fortpflanzungsgeschwindigkeit a der Welle von der Länge λ und die Bahngeschwindigkeit v des Körpers vermittelst der Beziehungen (6a) und (7a) ein, so wird aus (9b) mit den leicht verständlichen Abkürzungen A_1 und c

$$u^2 = \frac{(M^2 + N^2)\,\lambda^2}{8\,\pi^2} \frac{v^6}{(a^2 - v^2)^2 + \frac{\varepsilon^2 \lambda^2}{4\,\pi^2} v^2} = \frac{A_1\, v^6}{(a^2 - v^2)^2 + c^2 v^2} \quad (9\text{c})$$

Durch Verbindung dieses Ergebnisses mit (5b) sowie unter Benutzung von (5a) nimmt schließlich der Widerstand Gl. (5) die Form

$$W = \mu\, l\, v + \varkappa_1 F\, v^2 \left(1 + \mathrm{tg}^2 \chi + \frac{A_1\, v^4}{(a^2 - v^2)^2 + c^2 v^2}\right) \quad (10)$$

an, die sich für Schiffe durch $\chi = 0$ noch etwas vereinfacht.

Mit

$$1 + \mathrm{tg}^2 \chi = \frac{1}{\cos^2 \chi}, \quad \frac{\varkappa_1}{\cos^2 \chi} = \varkappa, \quad A_1 \cos^2 \chi = A \quad . \ (10\text{a})$$

kann man auch an Stelle von (10) schreiben

$$W = \mu\, l\, v + \varkappa F\, v^2 \left(1 + \frac{A_1\, v^4}{(a^2 - v^2)^2 + c^2 v^2}\right) \quad . \quad . \ (10\text{b})$$

Daraus erkennt man, daß **durch die Rotation des Körpers um seine in die Bahntangente fallende Achse das Gesetz des Widerstandes formal keine Änderung erleidet.** Wir dürfen daher erwarten, daß die Formel (10a) sowohl für Schiffe, als auch für rotierende Langgeschosse gültig bleibt, wobei a im ersteren Falle die von der Wassertiefe abhängige Fortpflanzungsgeschwindigkeit der vom Schiff erregten Wasserwellen, im andern dagegen die Schallgeschwindigkeit in der Luft bedeutet.

Für die graphische Verdeutlichung trennen wir zweckmäßig den Gesamtwiderstand in die beiden Bestandteile W_1 und W_2 und erhalten nach Division mit v^2

$$\frac{W_1}{v^2} = \varkappa F \left(1 + \frac{A\, v^4}{(v^2 - a^2)^2 + c^2 v^2}\right), \quad \frac{W_2}{v^2} = \frac{\mu\, l}{v} \quad . \ (11)$$

Hiervon stellt das Reibungsglied als Funktion der Geschwindigkeit eine gleichseitige Hyperbel dar, während das erste Glied

$$\left.\begin{array}{llll} \text{für } v=0 & \text{den Wert} & \dfrac{W_1}{v^2} = \varkappa F \\ \text{»} \quad v=\infty & \text{»} \quad \text{»} & \dfrac{W_1}{v^2} = \varkappa F\,(1+A) \end{array}\right\} \quad . \quad . \quad (11\text{a})$$

annimmt und durch Differentiation nach v

$$\frac{d}{dv}\left(\frac{W_1}{v^2}\right) = 2\,\varkappa F v \left(\frac{2\,A\,v^2}{(v^2-a^2)^2+c^2v^2} - \frac{A\,v^4\,[2\,(v^2-a^2)+c^2]}{[(v^2-a^2)^2+c^2v^2]^2}\right) \quad . \, . \, . \, (12)$$

ergibt. Dieser Ausdruck verschwindet offenbar für $v = 0$, $v = \infty$ und

$$v^2 = v_0^2 = \frac{2\,a^4}{2\,a^2-c^2} > a^2 \quad . \quad . \quad . \quad . \quad (12\text{a})$$

wonach die Kurve der $W_1 : v^2$ die erste der beiden Geraden (11 a) im Ausgangspunkt, die andere dagegen asymptotisch berührt und weiterhin für $v = v_0$ den Höchstwert

$$\left(\frac{W_1}{v^2}\right)_0 = \varkappa F\left(1+\frac{A\,v_0^4}{v_0^4-a^4}\right) \quad . \quad . \quad . \quad . \quad (12\text{b})$$

besitzt. Die Asymptote $\varkappa F\,(1+A)$ wird von der Kurve $W_1 : v^2$ in einem Punkte geschnitten, dessen Abszisse sich aus

$$v_1^2 = \frac{a^4}{2\,a^2-c^2} = \frac{v_0^2}{2} \quad . \quad . \quad . \quad . \quad . \quad . \quad (12\text{c})$$

zu $v_1 = 0{,}7\,v_0$ berechnet. Hiernach zeigt die Kurve der $W : v^2$ den durch Abb. 43 wiedergegebenen Verlauf, der durch Versuche an Schiffen[1]) sowie mit Geschossen (siehe oben Abb. 38) gut bestätigt wird. Der Scheitel der Widerstandskurve ist nun bedingt durch eine Luftleere (Cavitation) hinter dem

---

[1]) Paulus, Versuche zur. Ermittlung des Einflusses der Wassertiefe auf die Geschwindigkeit der Torpedoboote, Zeitschr. d. V. D. Ingenieure 1904, S. 1870, wo auch auf ältere Versuche von Rasmussen und Rota Bezug genommen wird, sowie Schütte, Verhandl. d. Int. Schiffahrtskongresses zu Düsseldorf 1902.

Geschoß, in welche die Luft mit der Molekulargeschwindigkeit $v_0 = a\sqrt{2}$, also $v_1{}^2 = a^2$, einströmt, so daß also das Geschoß den Widerstandsscheitel mit dieser Molekulargeschwindigkeit durcheilt. Dem Kurvenschnitt mit der oberen

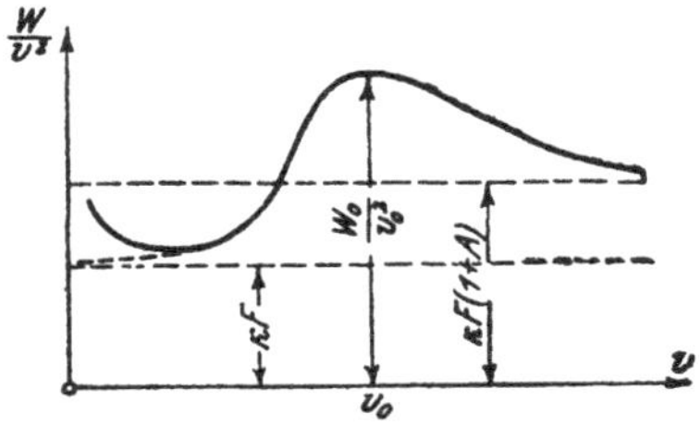

Abb. 43.
Theoretische Widerstandskurve.

Asymptote kommt alsdann nach (12c) die Schallgeschwin digkeit $v_1 = a = c$ zu, so daß für diesen Fall auch der Dämpfungsfaktor $c^2 = a^2$ gegeben ist. Da ferner in der ersten Gleichung (11) das erste Glied der Wucht der Fortbewegung entspricht, während das zweite auf Grund der Herleitung der Seitenbewegung der Luft zugehört, so muß das Ganze im Falle vorn mehr oder weniger genaue kugelförmige Abrundung des Geschosses infolge der alsdann gleichberechtigten Geschwindigkeitskomponente den Grenzwert $1 + A = 3$ annehmen, also $A = 2$ werden, womit Gl. (11) in

$$\frac{W_1}{v^2} = \varkappa F \left(1 + \frac{2}{1 - \frac{v^2}{a^2} + \frac{v^4}{a^4}}\right) \quad . \quad . \quad . \quad . \quad (13)$$

übergeht. Aus Gl. (11) erkennt man weiter, daß für den Sonderfall $c^2 = 2a^2$ der Höchstwert nur für $v = \infty$, d. h. asymptotisch, und zwar mit $A = 2$ entsprechend der Gleichung

$$\frac{W_1}{v^2} = \varkappa F \left(1 + \frac{2v^4}{v^4 + a^4}\right) \quad . \quad . \quad . \quad . \quad . \quad (14)$$

erreicht wird. Dies tritt nach Versuchen von Cranz bei zylindrischen Geschossen mit ebenen Stirnflächen ein. Haben wir es schließlich mit einem Spitzgeschoß mit dem halben Öffnungswinkel δ der Kegelspitze zu tun, so wird nur ein der Projektion entsprechender Luftanteil zur

Seite geschleudert, wodurch sich der Beiwert A im Verhältnis $\sin\delta : 1$ verändert. In derselben Weise muß sich auch der Dämpfungsfaktor vermindern, der für $\delta = 90^0$, d. h. ebene Stirnflächen, den Wert $c^2 = 2\,a^2$ annimmt. Diesen Bedingungen genügen die Ansätze

$$A = 2\sin\delta, \quad c^2 = a^2(\sin\delta + \sin^2\delta) \quad . \quad . \quad . \quad (15)$$

mit denen (11) übergeht in

$$\frac{W_1}{v^2} = \varkappa F\left(1 + \frac{2\,v^4\sin\delta}{(v^2 - a^2)^2 + a^2 v^2(\sin\delta + \sin^2\delta)}\right) \quad (16)$$

mit einer oberen Asymptote $\varkappa F\ (1 + 2\sin\delta)$. Für die Scheitelgeschwindigkeit v_0 und auch die Schnittgeschwindigkeit v_1 mit der oberen Asymptote gilt alsdann

$$\frac{v_0^2}{a^2} = \frac{2}{2 - \sin\delta - \sin^2\delta} = \frac{2\,v_1^2}{a^2}.$$

Die durch (13), (14) mit (16) definierten Kurven sind in Abb. 44 mit I, II, III bezeichnet, letztere mit $\sin\delta = 0{,}25$, entsprechend dem deutschen Spitzgeschoß.

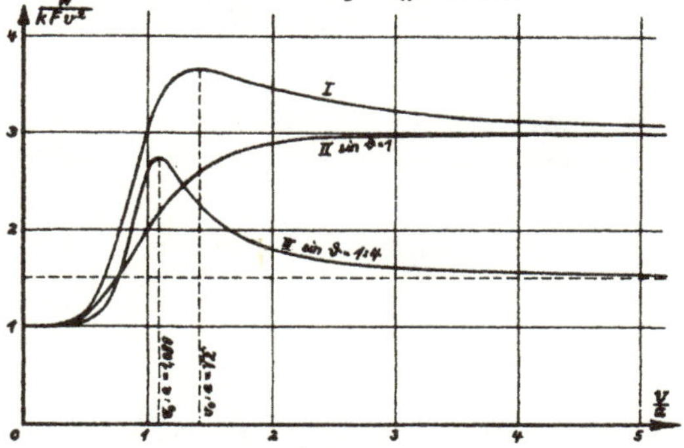

Abb. 44.
Abhängigkeit des Widerstands von der Geschoßform.

Beim Vergleich mit der Erfahrung ist neben dem Verdrängungsbeiwerte $\varkappa = 0{,}0115\,\gamma$ noch die Luftreibung aus der Mantelfläche F_1

$$W' = \varkappa_1 F_1 v^2 \text{ mit } \varkappa_1 = 0{,}000113\,\gamma$$

zu beachten, womit sich alsdann eine befriedigende Übereinstimmung ergibt.

§ 15.

Die Geschoßbahn im Luftraume.

Die Untersuchung des Luftwiderstandes hat gezeigt, daß dieser auf das Geschoß eine mit der Geschwindigkeit v zunehmende Verzögerung $q = \frac{W}{m}$ ausübt, deren Richtung in die Bahntangente fällt. Alsdann haben wir für die beiden Koordinatenrichtungen die Bewegungsformeln

$$\left.\begin{aligned} \frac{d v_x}{d t} &= -q \cos\vartheta \\ \frac{d v_y}{d t} &= -q \sin\vartheta - g \end{aligned}\right\} \quad \ldots\ldots (1),$$

von denen wir, da $g \cos\vartheta$ die zur Bahn normale Komponente der Erdbeschleunigung bedeutet, die eine auch unter Einführung des Krümmungshalbmessers ϱ und der Bahngeschwindigkeit v durch die Gleichung

$$\frac{v^2}{\varrho} = g \cos\vartheta \quad \ldots\ldots\ldots (2)$$

ersetzen dürfen.

Aus der ersten Formel (1) folgt nun durch Multiplikation mit dem Bahnelement ds wegen $ds = v dt$ und $v_x = v \cos\vartheta$

$$\frac{d v_x}{v_x} = -\frac{q}{v^2} d s \quad \ldots\ldots (1\text{a}),$$

worin der Quotient

$$\frac{q}{v^2} = \frac{W}{m v^2}$$

nach Abb. 43 mit der Geschwindigkeit v sich ändert und jedenfalls stets einen endlichen positiven Wert hat. Integriert man nun Gl. (1a) mit dem aus Abb. 34 hervorgehenden Anfangswerte $v_0 \cos a$ für v_x, so folgt

$$\log \frac{v_x}{v_0 \cos a} = -\int_0^s \frac{q}{v^2} d s \quad \ldots\ldots (1\text{b})$$

und man erkennt, daß die rechte Seite mit wachsendem s unbegrenzt abnimmt. Für $s = \infty$ erhalten wir darum den

Grenzwert $v_x = 0$, dem in der ersten Gleichung (1) $dv_x = 0$ bzw. $\cos\vartheta = 0$ entspricht, womit nach Gl. (2) $\varrho = \infty$ wird. Das heißt aber nichts anderes, als daß der fallende Ast der Geschoßbahn eine senkrechte Asymptote besitzt, der sich das Geschoß mit stetig abnehmender Horizontalgeschwindigkeit immer mehr nähert. Die Geschoßbewegung hat also die Neigung, nach Überschreiten des Scheitels in den senkrechten Fall überzugehen, vgl. Abb. 45. Daraus folgt ohne weiteres, daß der Flugbahnscheitel, vom Ausgangspunkte gerechnet, jenseits der Mitte der Schußweite liegt, sowie daß auf derselben Höhe der Neigungswinkel des fallenden Astes gegen den Horizont größer ist als der des aufsteigenden. Multiplizieren wir die Formeln (1) und (2) mit dx und dy und addieren, so folgt

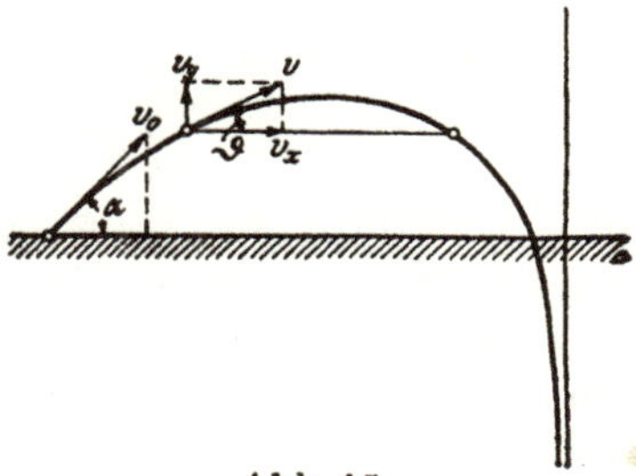

Abb. 45.
Geschoßbahn im Luftraum.

$$\frac{dx}{dt}\,dv_x + \frac{dy}{dt}\,dv_y = -q\,(\cos\vartheta\,dx + \sin\vartheta\,dy) - g\,dy$$

oder auch, da $\quad dx = v_x dt, \quad dy = v_y dt$

$$v_x dv_x + v_y dv_y = v\,dv$$

$$dx = ds\cos\vartheta, \quad dy = ds\sin\vartheta$$

ist,

$$v\,dv = -q\,ds - g\,dy \quad . \; . \; . \; . \; . \; . \; . \; . \quad (3)$$

Integrieren wir diese Gleichung zwischen zwei Bahnpunkten, so ergibt sich

$$v_2^2 - v_1^2 = 2g\,(y_1 - y_2) - 2\int_1^2 q\,ds \quad . \; . \; . \quad (3a),$$

d. h. die Geschwindigkeit auf dem fallenden Ast ist kleiner als diejenige auf dem steigenden Ast in gleicher Höhe. Mithin erreicht das Geschoß ein in gleicher

Höhe mit dem Ausgangspunkte liegendes Ziel mit einer geringeren Geschwindigkeit und einem steileren Winkel, als es die Mündung der Schußvorrichtung verließ.

Aus Gl. (3) folgt weiter für $dv = 0$

$$\frac{dy}{ds} = \sin\vartheta = -\frac{q}{g} \quad \ldots\ldots \quad (3b),$$

wonach die kleinste Geschwindigkeit auf dem fallenden Ast erreicht wird. Sie steigt danach wieder an und nähert sich einem der vertikalen Asymptote zugehörigen Grenzwerte, für den mit $\vartheta = -90^0$ entsprechend dem freien Fall

$$q = g \quad \ldots\ldots\ldots\ldots \quad (3c)$$

wird. Hierbei wird der Luftwiderstand gerade durch das Geschoßgewicht ausgeglichen, womit der Anlaß zu weiteren Geschwindigkeitsänderungen entfällt.

Da der Neigungswinkel ϑ der Bahn dauernd abnimmt, so ist das Bahnelement $ds = -\varrho d\vartheta$, womit Gl. (2) übergeht in

$$v^2 d\vartheta = -g ds \cos\vartheta \quad \ldots\ldots\ldots \quad (2a)$$

Ebenso dürfen wir für die erste Gleichung (1) nach Multiplikation mit ds schreiben:

$$v d(v\cos\vartheta) = -q ds \cos\vartheta \quad \ldots\ldots \quad (4)$$

und erhalten nach Division mit Gl. (2a):

$$g d(v\cos\vartheta) = v q d\vartheta \quad \ldots\ldots\ldots \quad (5)$$

als Differentialgleichung für den Zusammenhang zwischen der Bahngeschwindigkeit v und dem Neigungswinkel ϑ, deren Integration allerdings die Kenntnis der Abhängigkeit der Verzögerung q von v voraussetzt. Dann aber ergibt sich aus Gl. (2a) sowie wegen $dy = dx \operatorname{tg}\vartheta$ und $ds = v dt$

$$\left.\begin{aligned} g dx &= -v^2 d\vartheta \\ g dy &= -v^2 d\vartheta \operatorname{tg}\vartheta \\ g dt &= -\frac{v}{\cos\vartheta} d\vartheta \end{aligned}\right\} \quad \ldots\ldots \quad (6)$$

zur Berechnung der Bahnkoordinaten und der zugehörigen Zeiten.

Schließlich sei noch auf eine nützliche Umformung der Gleichung (2a) hingewiesen, die sich durch Ersatz von $d\vartheta$ aus

$$\operatorname{tg}\vartheta = \frac{dy}{dx}, \text{ also } \frac{d\vartheta}{dx} = \frac{d^2y}{dx^2}\cos^2\vartheta$$

ergibt und mit $v\cos\vartheta = v_x$ auf

$$\frac{d^2y}{dx^2} = -\frac{g}{v_x^2} \quad \text{. . . . . (2b)}$$

führt. Diese Formel gilt ebenso wie die bisher abgeleiteten ganz allgemein für alle Flugbahnen und ist unabhängig von der besonderen Form des Luftwiderstandsgesetzes bzw. der Abhängigkeit der Verzögerung q von v.

Für das schon von Euler ins Auge gefaßte Widerstandsgesetz

$$q = kv^n \quad \text{. . . . . (7)}$$

mit ganzzahligen Exponenten n geht die Differentialgleichung (6) über in

$$\frac{d(v\cos\vartheta)}{(v\cos\vartheta)^{n+1}} = \frac{k}{g}\,\frac{d\vartheta}{\cos\vartheta} \quad \text{. . . . . . (5a)}$$

deren Auswertung immer möglich ist.

Haben wir es im Sonderfall mit einem quadratischen Widerstand zu tun, was für sehr große Geschwindigkeiten (etwa > 600 m/sk) angenähert zutrifft, so wäre

$$q = kv^2 \quad \text{. . . . . (7a)}$$

zu setzen, womit Gl. (1b) übergeht in

$$v_x = v_0\cos\alpha e^{-ks} \quad \text{. . . . . (8)}$$

Für flache Geschoßbahnen dürfen wir hierin den Bogen s mit der Abszisse x angenähert vertauschen, also

$$v_x = v_0\cos\alpha e^{-kx} \quad \text{. . . . . (8a)}$$

schreiben, wodurch aus Gl. (2b)

$$\frac{d^2y}{dx^2} = -\frac{g}{v_0^2\cos^2\alpha}\,e^{2kx} \quad \text{. . . . . . (9)}$$

wird. Diese Gleichung liefert nach einmaliger Integration mit dem Erhebungswinkel α

$$\frac{dy}{dx} = \operatorname{tg}\alpha - \frac{g}{2k v_0^2 \cos^2\alpha}(e^{2kx} - 1) \quad . \quad . \quad . \quad (9a)$$

und für die Bahngleichung

$$y = x \operatorname{tg}\alpha - \frac{g}{4k^2 v_0^2 \cos^3\alpha}(e^{2kx} - 1 - 2kx) \quad . \quad . \quad (9b)$$

Entwickelt man e^{2kx} in eine Reihe und behält, was für kleine k zulässig erscheint, nur die ersten drei Potenzen von $2kx$ bei, so folgt

$$y = x \operatorname{tg}\alpha - \frac{g x^2}{2 v_0^2 \cos^2\alpha} - \frac{g k x^3}{3 v_0^2 \cos^2\alpha} \quad . \quad . \quad (9c),$$

wonach die Geschoßbahn als die Überlagerung der Wurfparabel im luftleeren Raume und einer kubischen Parabel erscheint.

Für ein durch seine Koordinaten x und y vorgelegtes Ziel liefern Gl. (9b) und (9c) je zwei Erhebungswinkel, wie wir dies schon für die Wurfparabel im luftleeren Raume festgestellt haben. Von ihnen hat allerdings im vorliegenden Falle nur der kleinere einen Sinn, da die genannten Formeln ausdrücklich nur für Flachbahnen gelten. Diese kommen überhaupt vorwiegend für entfernte Ziele in Betracht, während Steilschüsse auch gegen nähere, gedeckte Ziele angewendet werden. Dafür aber bedarf es keiner so bedeutenden Mündungsgeschwindigkeit wie für Flachschüsse auf große Entfernungen, und dies ist der Grund für die verhältnismäßig kurzen Rohre der Steilfeuergeschütze im Gegensatz zu den Flachbahngeschützen.

Wenn sich auch die Rechnung mit dem quadratischen Widerstandsgesetz (sowie überhaupt für $q = kv^n$ mit ganzzahligen Exponenten) sogar ohne die Beschränkung auf Flachbahnen bis zur Bestimmung der Größen x, y, t mit Hilfe des Planimeters aus den zugehörigen Werten der Neigungswinkel ϑ durchführen läßt, so hat dies doch wegen der Veränderlichkeit der Beiwerte k mit der Geschwindigkeit praktisch keine Bedeutung. Man hilft sich vielmehr durch eine stückweise Berechnung der Flugbahn unter Anwendung verschiedener Widerstandsformeln für die einzelnen Bahnstücke, in die überdies noch für den Winkel ϑ Mittelwerte zum Zwecke der bequemeren Integration eingeführt werden. Dieses Verfahren ist besonders von Cranz unter Benutzung des Ansatzes (7) bzw. des Gl. (5a) mit verschiedenen Exponenten für die einzelnen Flugbahnabschnitte ausgebildet worden, dessen Lehrbuch der Ballistik (Bd. I) wir einige danach berechnete »Normalflugbahnen« entnehmen. Die Mündungsgeschwindigkeit wurde, wie in dem Beispiel für die Geschoßbahn im luftleeren Raume, durchweg zu $v = 550$ m/sk angenommen. Damit ergab sich

für ein Geschoß von $G =$		6,9 kg Kal. 7,7 cm			41 kg, 15 cm	82 kg, 21 cm
beim Erhöhungswinkel α .	. Grad	20	45	70	45	20
die Schußweite x_0	. km	6,9	8,4	5,2	10,7	8,1
» Scheitelhöhe y_1 . .	. »	0,85	2,9	4,83	3,47	1,0
» Scheitelentfernung x_1 .	. »	3,88	4,7	2,93	6,07	4,44
» Flugdauer t	. sk	25,6	47	61,7	53,7	27
» Endgeschwindigkeit v .	. m/sk	223	230	253	265	257
der Auftreffwinkel β . . .	. Grad	39,5	62,2	78	59,3	30,3

Drei von den hier berechneten Geschoßbahnen sind mit den zugehörigen Wurfparabeln im luftleeren Raume in Abb. 46 aufgetragen, woraus der Einfluß des Luftwiderstandes deutlich hervortritt. Der Vergleich mit der Erfahrung ist allerdings bisher nur unvollkommen möglich, da hinreichend genau aufgenommene Flugbahnen noch nicht bekannt geworden sind; Schußweite und Flugdauer dagegen scheinen leidlich zu stimmen. Übrigens geht aus einer Reihe von anderweitig berechneten Flugbahnen, die Cranz in seinem Buche daneben gestellt hat, hervor, daß bei geeigneter Wahl des Beiwertes die Form des gewählten Luftwiderstandsgesetzes keinen erheblichen Einfluß auf die Rechnungsergebnisse ausübt.

Nach der Veröffentlichung der Versuche von Cranz und v. Eberhardt, durch welche meine Widerstandsformel eine so überraschende Bestätigung erfuhr, dürfte es sich, da mit

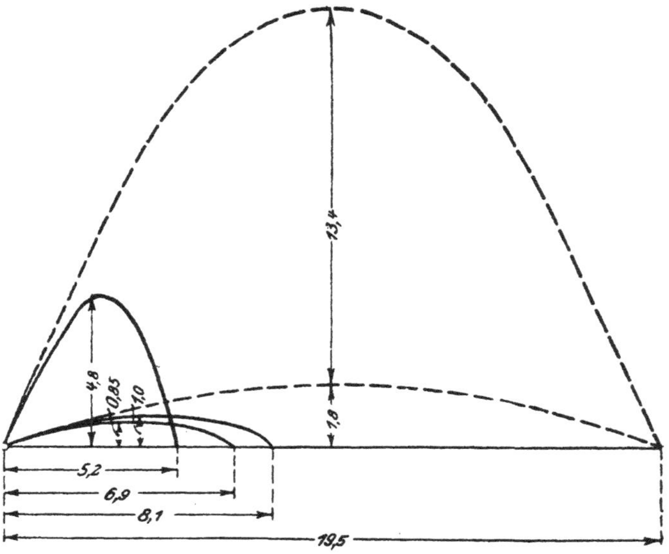

Abb. 46.
Wurfparabeln und Normalflugbahnen.

derselben eine Integration der Bewegungsformeln ausgeschlossen erscheint, empfehlen, die Flugbahnberechnung stückweise mit $q = kv^2$ unter Benutzung verschiedener Werte des Faktors k für die einzelnen Geschwindigkeitsunterschiede auf Grund der Erfahrung durchzuführen. Dabei kann unbedenklich von den schon erwähnten Vereinfachungen vor allem bei der Berechnung steiler Flugbahnen Gebrauch gemacht werden, während diejenige von Flachbahnen zweckmäßig nach den Formeln (8a) bis (9b) stückweise erfolgt.

Die verhältnismäßig bequeme Berechnung der Flachbahnen hat es — wohl in Verbindung mit dem Gebrauch der sog. Visiervorrichtungen, welche die der Schußweite angepaßte Einstellung des Erhebungswinkels ermöglichen —

mit sich gebracht, die Flugbahn nach einem Ziele auf geneigtem Gelände als eine um den Geländewinkel gedrehte Flachbahn aufzufassen. Dieses sog. Schwenken der Flugbahnen darf naturgemäß nur für geringe Neigungen des Geländes als grobes Näherungsverfahren angesehen werden, während für größere Neigungen die Bahn unter allen Umständen als Steilbahn aufzufassen und zu berechnen ist, wenn man nur einigermaßen zuverlässige Ergebnisse erhofft. Infolge der außerordentlich starken Deckungen gegen Flachschüsse hat überhaupt das Steilfeuer der schweren Geschütze sowie der Minenwerfer neuerdings eine viel größere Bedeutung erlangt. Die damit im Kriege gewonnenen Erfahrungen lassen im Verein mit der genaueren Kenntnis der Veränderlichkeit des Luftwiderstandes mit der Geschwindigkeit und der Höhe eine gänzliche Umgestaltung der ballistischen Rechnungsverfahren durch aufeinander folgende Näherungen erwarten, die von Cranz und Rothe[1]) schon in Angriff genommen ist.

Man kann aber auch auf rein zeichnerischem Wege die Flugbahn erhalten, wenn das Gesetz des Widerstandes rein empirisch durch eine Kurve gegeben ist. Hierzu eignet sich besonders ein von Prof. E. A. Brauer[2]) angegebenes Verfahren, das auf dem Vektordiagramm Abb. 47 zweier im Zeitabstande einer Sekunde aufeinander folgender Geschwindigkeiten $OA_1 = v_1$ und $OA_2 = v_2$ beruht. Trägt man dann in A_1 senkrecht nach unten die halbe Erdbeschleunigung $A_1 B_1 = \frac{1}{2} g$ ein und zieht OB_1, so gibt dies die Richtung der mittleren Geschwindigkeit $OA = v$ an, während mit $A_2 B_2 = \frac{1}{2} g$ die Strecke $BB_1 = 2\,AB_1 = 2\,AB_2 = q$ die Verzögerung in der Zeiteinheit bedeutet, die aus der Kurve der $q = W : m$ mit der Geschoßmasse $m = G : g$ unmittel-

[1]) Cranz und Rothe: Zur Lösung des Hauptproblems der äußeren Ballistik für ein beliebiges Luftwiderstandsgesetz; Artill. Monatshefte 1917.

[2]) E. A. Brauer: Anleitung zur graphischen Ermittlung der Flugbahn eines Geschosses, Karlsruhe 1918.

bar abgegriffen werden kann. Daraus ergiebt sich die folgende einfache Konstruktion: Ist $OA_1 = v_1$ nach Größe und Richtung, sowie $A_1 B_1 = \frac{1}{2} g$ senkrecht nach unten, so schlage man den Kreisbogen mit dem Halbmesser OB_1 um O, das den

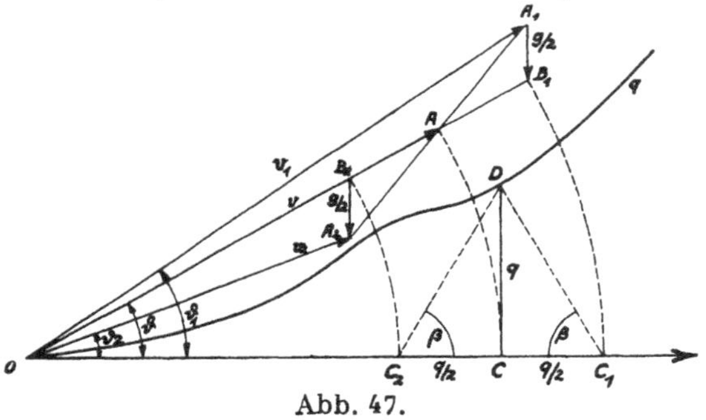

Abb. 47.
Graphische Geschwindigkeitsermittlung.

Horizont in C_1 trifft. Dort zieht man hinter dem Winkel $\beta = 63^0 30'$, dessen $\operatorname{tg}\beta = 2$ ist, eine Gerade, welche die Widerstandskurve im Punkte D schneidet, so zwar, daß die Verzögerung

$$q = CD = 2\,CC_1 = 2\,AB_1 = 2\,AB_2 = 2\,CC_2 = B_1 B_2$$

wird, wenn A und B_2 die Schnitte der Kreisbogen CA und $C_2 B_2$ um O sind. Schließlich erhält man mit $B_2 A_2$ senkrecht nach unten den Endpunkt der neuen Geschwindigkeit $OA_2 = v_2$ nach Größe und Richtung.

Die in Abb. 47a angedeutete Aneinanderreihung der so gewonnenen Geschwindigkeiten, d. h. der Wege in der Zeit-

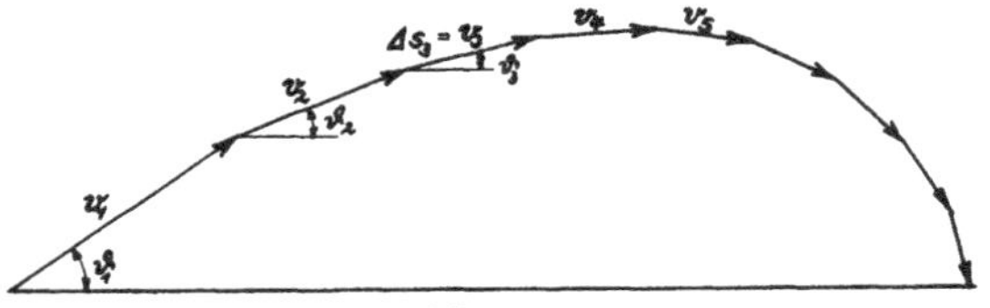

Abb. 47 a.
Stückweiser Aufbau der Flugbahn.

einheit in einem kleineren Maßstabe, liefert alsdann als hinreichende Annäherung der Flugbahn ein Polygon. dessen

Knotenzahl vom Anfang aus gerechnet sogleich die Flugzeit in Sekunden angibt und im Vektordiagramm die Berücksichtigung der Höhenänderung der Endbeschleunigung Gl. (6) S. 61 ermöglicht. Die Genauigkeit dieses graphischen Verfahrens hat sich auf Grund des Vergleichs seiner Ergebnisse mit bewährten Schußtafeln als mindestens ebenso groß wie die oben angedeutete stückweise Berechnung erwiesen. Da infolge der nach oben abnehmenden Dichte auch der Luftwiderstand sinkt, so nähert sich für große Scheitelhöhen die Flugbahn oberhalb 10—15 km der Wurfparabel, die nach § 12 mit einer Erhebung von 45° die größte Schußweite liefert. Daraus erkennt man ohne alle Rechnung, daß sog. Ferngeschütze für mehr als 100 km eine Erhebung von über 45° benötigen, um nach dem Durchdringen der unteren dichten Luftschicht (Troposphäre) den Winkel von etwa 45° in der dünnen Stratosphäre zu erreichen. In der Tat haben denn auch die im letzten Kriege bekannt gewordenen Ferngeschütze Ziele von über 120 km Abstand mit einer Erhebung von etwa 55° erreicht.

§ 16.

Die Kreiselwirkung der Geschosse.

Die in § 13 erkannte Zunahme der Verzögerung des Luftwiderstandes mit sinkender Querschnittbelastung verbietet für große Schußweiten ohne weiteres die früher allgemein übliche Verwendung von Kugelgeschossen. Diese litten überdies noch unter der Unmöglichkeit einer genügenden Abdichtung des Treibmittels sowie einer sicheren Führung im Rohr. Infolge des stets vorhandenen Spielraumes stießen die Kugelgeschosse unter der gleichzeitigen Wirkung seitlich vorbeiströmender Pulvergase mehrfach an die Rohrwand an und verließen das Rohr häufig in einer von dessen Achse merklich abweichenden Richtung. Die beim Anstoßen an die Rohrwand geweckte Reibung bedingte überdies noch Drehungen der Kugeln um Achsen, welche zu der des Rohres ganz oder doch nahezu senkrecht standen. Durch derartige Drehungen wird aber, worauf zuerst Magnus 1852 hinwies, auch die umgebende Luft gleichsinnig in Umdrehung versetzt, so daß sich die Luftbewegung relativ zum Kugelgeschoß aus einer Parallelströmung und einer sog. Zirkulation zusammensetzt. Im Falle einer im Uhrzeigersinne sich drehenden und gleichzeitig nach rechts fortschreitenden Kugel Abb. 48, der die Luft sonach von rechts nach links entgegenströmt, tritt daher oberhalb wegen der dort entgegengesetzt gerichteten Luftgeschwindigkeiten eine mit Drucksteigerung

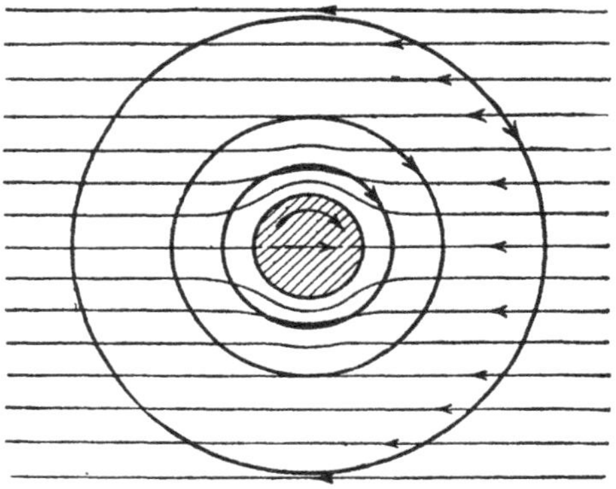

Abb. 48.
Luftbewegung um ein rotierendes Kugelgeschoß.

verbundene Luftstauung, unterhalb dagegen eine Luftverdünnung auf, die gemeinsam eine Beschleunigung nach unten zur Folge haben. Bei umgekehrtem Drehsinne der Kugel und gleicher Fortschreitungsrichtung wechselt natürlich auch die Beschleunigung ihr Vorzeichen. Je nach der Drehrichtung wird demnach die Flugbahn der Kugelgeschosse in unberechenbarer Weise verkürzt oder verlängert, wozu noch bei zufällig schräger Lage der Drehachse bedeutende Seitenabweichungen treten. Aus alledem erkennt man, daß die Kugelgeschosse nicht nur den heutigen Anforderungen an Ausnutzung der Energie des Treibmittels und der Schußweite nicht genügen, sondern auch jede Zielsicherheit vermissen lassen.

Eine gänzliche Beseitigung dieser Übelstände versprach die Anwendung von Langgeschossen auf Grund der günstigen Erfahrungen mit den vom gespannten Bogen abgeschleuderten Pfeilen[1]). Deren Achse verharrte nicht allein in der durch die Anfangsgeschwindigkeit gegebenen senkrechten Ebene, sondern blieb auch merklich in der Tangente der Flugbahn, so daß der Pfeil mit der Spitze voran das Ziel sicher erreichte. Auch die Schußweite konnte mit Rücksicht auf den geringen Energievorrat des gespannten Bogens, der zum großen Teil noch durch Eigenschwingungen aufgezehrt wurde, als befriedigend angesehen werden. Es war dies offenbar eine Folge der verhältnismäßig starken Querschnittsbelastung, die mit der Länge in ziemlich weiten Grenzen verändert werden konnte.

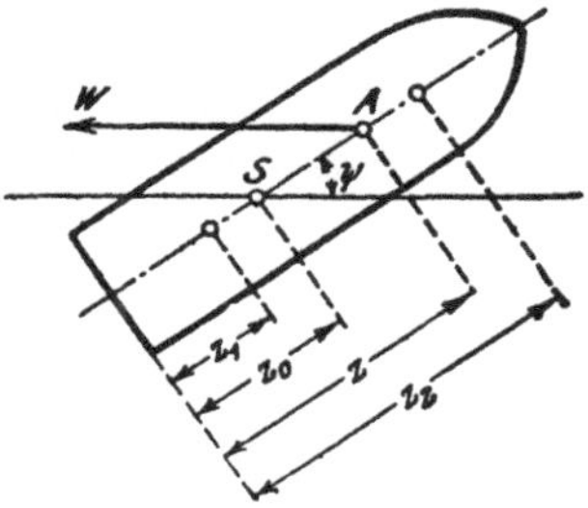

Abb. 49.
Widerstandsresultante bei schräger Geschoßlage.

Die in der Neuzeit verwendeten Langgeschosse bestehen nun im allgemeinen aus einem zylindrischen Teil von 2 bis 3 Kaliber Länge, an den sich stetig ein zugespitzter oder abgerundeter Kopf anschließt, während das hintere Ende, der sog. Geschoßboden, meist eben ausgebildet ist. Damit ein derartig gestalteter Körper mit der Spitze voran das Ziel erreicht, darf seine Achse nur wenig von der Flugbahntangente abweichen und sollte im Falle einer zufälligen Abweichung das Bestreben haben, wieder in die Tangente zurückzukehren. Die Erfüllung dieser »Stabilitätsbedingung« hängt naturgemäß vom Zusammenwirken der äußeren Kräfte an dem in Bewegung begriffenen Geschoß ab, dessen Achse, wie in Abb. 49 angedeutet, augenblicklich mit der Bewegungsrichtung einen Winkel ψ bilden möge. Der Bewegungsrichtung entgegen wirkt aber der Luftwiderstand, dessen Resultante, wie wir

[1]) Vgl. hierzu O. Layriz, Über Pfeilgeschosse; Z. f. d. ges. Schieß- und Sprengstoffwesen 1915.

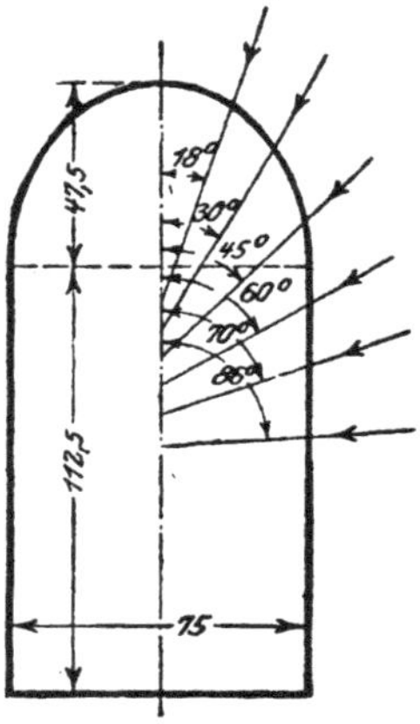

Abb. 50.
Angriffspunkte schräger Widerstandsresultanten nach Versuchen von Kummer.

oben gesehen haben, nicht allein von der Geschwindigkeit sondern auch von dem zur Bewegungsrichtung senkrechten größten Querschnitt abhängt. Bei schräger Lage der Achse kann unter diesem Querschnitt nur die Fläche der Normalprojektion des Körpers zur Bewegungsrichtung verstanden werden, womit indessen über die Kräfteverteilung innerhalb dieses Querschnitts noch nichts ausgesagt ist. Darum können wir auch ohne Versuche weder die Größe noch den Schnittpunkt A der Resultante des Luftwiderstandes mit der Geschoßachse angeben. Glücklicherweise hat bereits 1876 der Mathematiker Kummer in den Abhandlungen der Berliner Akademie die Ergebnisse einer Versuchsreihe an Pappmodellen veröffentlicht, die in einem Rundlaufe mit 8 m/sk Umfangsgeschwindigkeit bewegt, für jeden Aufhängepunkt einen bestimmten Neigungswinkel ψ annahmen. Da durch sorgfältigen Gewichtsausgleich der Einfluß der Schwere ausgeschaltet war, so fiel der Aufhängepunkt bei den Kummerschen Versuchen mit dem Achsenschnitt des resultierenden Luftwiderstandes zusammen. In Abb. 50 ist das hierbei benutzte Geschoßmodell mit den Widerstandsresultanten eingetragen, deren Angriffspunkte mit abnehmendem Winkel ψ immer mehr nach vorn rücken. Bezeichnet man den Abstand des Achsenschnitts vom Geschoßboden mit z, seine äußersten Werte für $\psi = 90^0$ und 0^0 mit z_1 und z_2, Abb. 48, so läßt sich dieses Vorrücken in erster Annäherung durch die einfache Formel

$$z = z_1 + (z_2 - z_1) \cos \psi \quad . \quad . \quad . \quad . \quad . \quad . \quad (1)$$

darstellen. Diese darf man vielleicht auch auf neuere Geschosse anwenden, die sich trotz der viel höheren Bahngeschwindigkeit und der vom Modell nicht unerheblich abweichenden Form doch ähnlich verhalten werden. Allerdings muß man sich dabei streng auf die Bewegung mit voraneilender Spitze beschränken, da über die Lage der Resultante bei umgekehrter Bewegung die Versuche Kummers keine Auskunft geben.

Wesentlich für die Wirkung der Widerstandsresultanten auf das Geschoß ist nunmehr dessen Schwerpunktsabstand z_0 vom Boden, der mit z in Abb. 48 eingetragen ist. Daraus erkennt man, daß, solange $z > z_0$, der Luftwiderstand ein Drehmoment

$$M = W(z - z_0)\sin\psi \quad \ldots\ldots\ldots \quad (2)$$

hat, das den Neigungswinkel des Geschosses zu vergrößern sucht, wobei der Angriffspunkt A nach Gl. (1) und Abb. 49 dem Schwerpunkt immer näher rückt. Liegt der Schwerpunkt des Geschosses zwischen den beiden äußersten Angriffspunkten des Luftwiderstandes, ist also $z_2 > z_0 > z_1$, so gibt nur die durch ihn hindurchgehende Resultante eine stabile Bewegungsrichtung an, da jede Abweichung hiervon ein Drehmoment weckt, welches diese Abweichung rückgängig zu machen strebt. Liegt dagegen der Schwerpunkt außerhalb der Endlagen des Angriffspunktes, ist also $z_0 > z_2$ oder $z_0 < z_1$, so stellt die Geschoßachse selbst die stabile Bewegungsrichtung dar, und zwar im ersteren Falle mit der Spitze, im letzteren mit dem Boden voran. Der erste dieser Fälle ist in dem vom gespannten Bogen abgeschossenen Pfeile dann verwirklicht, wenn er aus einem langen Schaft aus leichtem Holze besteht und eine schwere Metallspitze trägt. Eine derartige Massenverteilung ist indessen infolge der zu geringen Festigkeit des Holzes oder dünnwandiger Rohre gegen den Pulverdruck bei den heute gebräuchlichen Geschossen undurchführbar, für die jedenfalls $z_0 < z_2$ bleibt. Ihre Bewegung mit der Spitze voran ist darum instabil und kann nicht dauernd aufrecht erhalten werden. Vielmehr wird das Geschoß im Falle $z_2 > z_0 > z_1$ eine starke Neigung ψ gegen die Bahntangente annehmen und als sog. Querschläger das Ziel erreichen, während es mit $z_0 < z_1$ sogar mit dem Boden auftrifft. Die beabsichtigte Wirkung wird also unter allen Umständen verfehlt, außerdem aber auch der Luftwiderstand in unerwünschter Weise vergrößert und damit die Schußweite herabgezogen.

Erteilt man dagegen dem mit Führungsringen versehenen Geschoß schon durch die Züge im Rohre eine Drehung mit der Winkelgeschwindigkeit ω_0 um seine Längsachse, so nimmt es die Eigenschaften eines Kreisels an, den man der Einfachheit halber als im (fortschreitenden) Schwerpunkt S gestützt betrachten darf. Die Geschoßachse beschreibt alsdann um die dagegen geneigte Bahntangente mit der Winkelgeschwindigkeit ω_1 einen Kreiskegel, dessen Öffnungswinkel ψ sich unter der Wirkung des Drehmomentes des Luftwiderstandes mit der Winkelgeschwindigkeit ω_2 zu vergrößern strebt, Abb. 51 Die Kegelbewegung der Geschoßachse um die Bahntangente bezeichnet man wohl auch als Präzession. Bei der Entstehung der Auslenkung ψ, die ja beim Verlassen des Rohres noch nicht vorhanden ist, erfährt nun die Winkelgeschwindigkeit ω_0 der Geschoßdrehung keine Änderung. Die hierbei vom Luftwiderstand geleistete Arbeit dient mithin lediglich zur Erzeugung der Winkelgeschwindigkeiten $\omega_2 = \frac{d\psi}{dt}$ und $\omega_1 \sin\psi$ um zwei unter sich und gegen die Längsachse senkrechte Schwerachsen mit dem polaren Trägheitsmomente Θ, während das um die Längsachse Θ_0 sein möge.

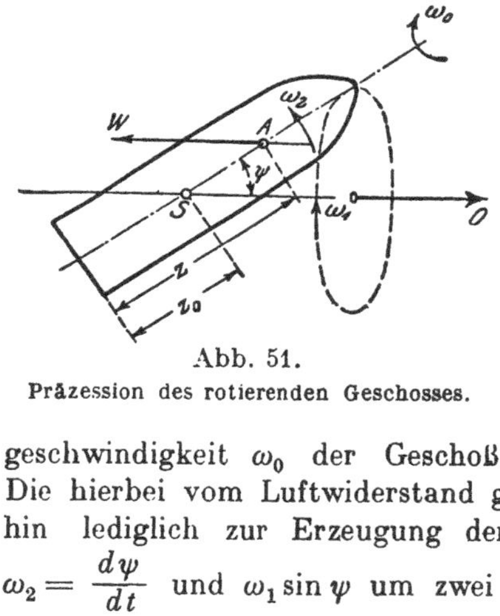

Abb. 51.
Präzession des rotierenden Geschosses.

Dann liefert die Energieformel bei nur kleiner Abweichung ψ, welche den Widerstand W nicht nennenswert beeinträchtigt,

$$\Theta\,(\omega_1^2 \sin^2\psi + \omega_2^2) = 2\int W\,(z - z_0)\,\sin\psi\,d\psi$$

oder mit Gl. (1) und einer willkürlichen Konstanten C_1

$$\Theta\,(\omega_1^2 \sin^2\psi + \omega_2^2)$$
$$= C_1 - 2\,W\,(z_1 - z_0)\left(\cos\psi - \frac{z_2 - z_1}{z_1 - z_0}\,\frac{\sin^2\psi}{2}\right) \quad (3)$$

Daneben besteht aber noch die Bedingung der Unveränderlichkeit des Momentes der Bewegungsgröße, des sog. Impulses um die Bahntangente SO, da um diese kein Drehmoment der äußeren Kräfte wirksam ist, d. h. mit einer zweiten Konstanten C_2:

$$\Theta\omega_1 \sin^2\psi + \Theta_0\omega_0 \cos\psi = C_2 \quad . \; . \; . \; . \; . \quad (4)$$

Da man über die beiden Konstanten keine genauen Aussagen machen kann, so werden sie am einfachsten durch Differentiation der Formeln (3) und (4) nach der Zeit ausgeschaltet. Aus den so entstehenden Gleichungen

$$\Theta\left(\omega_1 \frac{d\,\omega_1}{dt} \sin^2\psi + \omega_1^2\omega_2 \sin\psi\cos\psi + \omega_2 \frac{d\,\omega_2}{dt}\right)$$
$$= W\omega_2 \sin\psi\,(z_1 - z_0 + (z_2 - z_1)\cos\psi)$$
$$\Theta\left(\frac{d\,\omega_1}{dt} \sin^2\psi + 2\,\omega_1\,\omega_2 \sin\psi\cos\psi\right) - \Theta_0\,\omega_0\,\omega_2 \sin\psi = 0$$

eliminieren wir ferner nach Vernachlässigung des jedenfalls nur kleinen Produktes $\omega_2 \frac{d\,\omega_2}{dt}$ die Änderung $\frac{d\,\omega_1}{dt}$ der Winkelgeschwindigkeit der Präzession und erhalten so

$$\omega_2 \sin\psi\,[\Theta_0\omega_0\omega_1 - \Theta\omega_1^2 \cos\psi - W\,(z_1 - z_0$$
$$+ (z_2 - z_1)\cos\psi)] = 0 \quad . \; . \; . \; . \; . \; . \; . \quad (5)$$

Das Verschwinden der Klammer liefert aber nur dann reelle Werte für die Präzessionswinkelgeschwindigkeit ω_1, wenn

$$\Theta_0^2\omega_0^2 > 4\Theta W\,(z_1 - z_0 + (z_2 - z_1)\cos\psi)\cos\psi \; . \; . \quad (6)$$

oder für den Winkel $\psi = 0$, der dem Verlassen der Mündung entspricht,

$$\Theta_0^2\omega_0^2 > 4\Theta W\,(z_2 - z_0) \; . \; . \; . \; . \; . \; . \; . \; (6\text{a})$$

ist. Von den beiden Werten für ω_1 kommt, wenn infolge sehr starker Eigendrehung des Geschosses ω_0 sehr große Werte annimmt, nur der kleinere der sog. langsamen Präzession in Betracht, der sich aus Gl. (5) durch Vernachlässigung von ω_1^2 zu

$$\omega_1 = \frac{W}{\Theta_0 \omega_0} [z_1 - z_0 + (z_2 - z_1) \cos \psi] \quad . \quad . \quad . \quad (7)$$

ergibt. Wir erhalten also für jede Auslenkung ψ der Geschoßachse aus der Bahntangente eine bestimmte Präzessionsgeschwindigkeit ω_1, die mit steigender Eigendrehung ω_0 stetig abnimmt.

Daher wird die Geschoßachse, wenn beim Verlassen des Rohres die Bedingung Gl. (6a) erfüllt ist, nach dem zufälligen Eintritt einer kleinen Auslenkung ψ aus der Bahntangente um diese dauernd weiter sich drehen, ohne daß die Gefahr des Überschlagens eintritt.

Die aus Gl. (7) folgende Verlangsamung der Präzession bei immer steigendem ω_0 bringt es dann mit sich, daß schließlich die Geschoßachse im Raum ihre Richtung kaum noch ändert, also scheinbar sich selbst parallel bleibt. Alsdann unterliegt das Geschoß, wie ein Drachen oder Flugzeug, noch dem dynamischen Auftrieb und kann sogar eine größere Schußweite erreichen als im luftleeren Raum[1]). Dies ist natürlich nur möglich auf Kosten der Auftreffgeschwindigkeit, deren Abnahme im Verein mit der Unsicherheit der Schußweite die Wirkung am Ziel beeinträchtigt. Daher wird man mit der Eigendrehung ω_0 jedenfalls nicht so weit gehen, daß die Geschoßachse längs der Flugbahn weniger als eine Umdrehung vollzieht.

Zur zahlenmäßigen Prüfung wollen wir übrigens die Bedingung Gl. (6a) noch etwas umformen, indem wir die beiden Trägheitshalbmesser b und a der Geschoßmasse m sowie die Geschoßverzögerung $dv : dt$ durch die Gleichungen

$$\Theta = m a^2, \quad \Theta_0 = m b^2, \quad W = m \frac{dv}{dt} \quad . \quad . \quad . \quad (8)$$

[1]) Cranz, Lehrbuch der Ballistik I. 2. Aufl. 1917. S. 384.

einführen. Dadurch wird aus Gl. (6a)

$$\omega_0^2 > \frac{4\,a^2\,(z_2 - z_0)}{b^4}\,\frac{d\,v}{d\,t} \quad \ldots\ldots (6\text{b})$$

sowie aus Gl. (7) für $\psi = 0$

$$\omega_1 = \frac{z_2 - z_0}{b^2\,\omega_0}\,\frac{d\,v}{d\,t} \quad \ldots\ldots (7\text{a})$$

Nun sei für ein Vollgeschoß vom Halbmesser r ungefähr

$$b^2 = \frac{r^2}{2}, \quad a^2 = 4\,b^2 = 2\,r^2, \quad z_2 - z_0 = r,$$

also

$$\omega_0^2 > \frac{32}{r}\,\frac{d\,v}{d\,t}.$$

Im Falle eines Infanteriegeschosses ist r rd. 0,4 cm und die größte Verzögerung für $v = 900$ m/sk, nach den Cranzschen Versuchen (§ 13), $dv : dt$ rd. 750 m/sk² = 75000 cm/sk, also muß sein

$$\omega_0^2 > \frac{32 \cdot 75\,000}{0{,}4} = 6\,000\,000$$

oder

$$\omega_0 > 2449\,\text{sk}^{-1}.$$

Es entspricht das einer Umlaufzahl von $n_0 = 390$ in der Sekunde, während diese in Wirklichkeit etwa 3000 entsprechend $\omega_0 = 20000$ erreicht. Die diesen Werten zugehörigen Präzessionsgeschwindigkeiten sind nach Gl. (7a)

$$\omega_1 = 155 \text{ und } 19\,\text{sk}^{-1}.$$

Ganz ähnlich liegen die Verhältnisse bei den Artilleriegeschossen, so daß im Einklang mit der Erfahrung, Abb. 52 und 53, durch die Drehung die Stabilität aller Langgeschosse[1]) vollkommen gesichert erscheint.

Die vorstehenden Schlußfolgerungen gelten allerdings nur für mäßig gekrümmte Flugbahnen. Das trifft z. B. für die

[1]) Die Abbildungen 52 und 53 sind den »Kinematographischen Aufnahmen von Geschoßprojektilen usw.« von v. Cles und Swoboda, Sitzungsberichte der Wiener Akademie, math.-naturw. Klasse 1914, entnommen. Aus dem Unterschied des Geschütz-

Scheitel sehr steiler Geschoßbahnen nicht mehr zu, die somit bei starkem Drall leicht Querschläger zur Folge haben.

Abb. 52.
Geschoß nahe der Mündung.

---

bildes in der oberen und unteren Abb. 52 erkennt man überdies den Rohrrücklauf nach dem Geschoßaustritt, während Abb. 53 schwache Auslenkungen der Geschoßachse aus der Bahntangente zeigt.

Ebensowenig kann bei nahezu senkrechtem Schuß eine rasche Drehung der Geschoßbahn in die Tangente des absteigenden Astes erwartet werden. In diesem Falle schlägt vielmehr das Geschoß mit dem Boden voraus wieder auf.

Schließlich sei noch erwähnt, daß die Langgeschosse erfahrungsgemäß eine vom Drehsinn abhängige Abweichung aus der ursprünglichen Flugbahnebene zeigen. Für

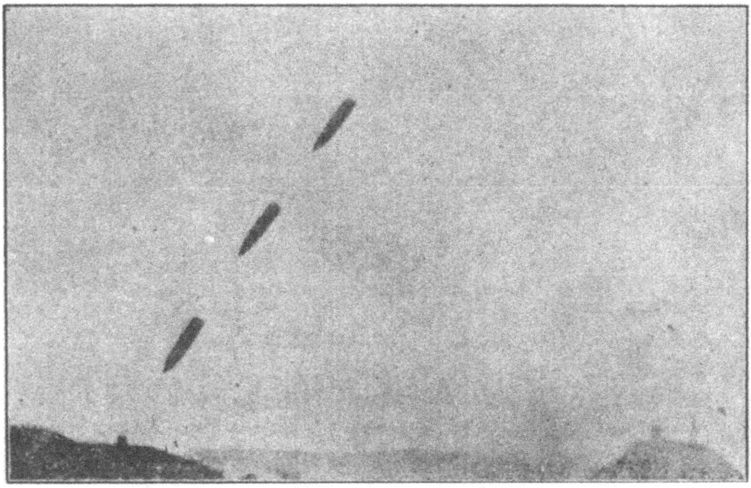

Abb. 53.
Geschoß vor dem Auftreffen.

den in Deutschland gebrauchten Rechtsdrall, der für den Beobachter in der Schußrichtung eine Uhrzeiger- oder Korkzieherdrehung bedingt, ergibt sich auch eine Rechtsabweichung, während der Linksdrall die umgekehrte Abweichung hervorruft.

Diese Erscheinung ist die unmittelbare Folge der stetig veränderlichen Neigung der Flugbahntangente und der sich daraus ergebenden Winkelgeschwindigkeit $\omega' = \frac{d\delta}{dt}$ der stabil mit dieser Tangente zusammenfallenden Geschoßachse. Diese Winkelgeschwindigkeit setzt sich mit derjenigen der Achsendrehung ω_0, wie aus Abb. 54 hervorgeht, zu einer Resultante mit seitlich geneigter Achse OB zusammen, der dann auch nach Abb. 49 eine Verschiebung des Angriffspunktes des Luftwiderstandes aus der Bahntangente entspricht, die ihrerseits eine gleichsinnige Verdrängung der ganzen Geschoßmasse bedingt.

Ändert das Geschoß bei starkem Drall und sehr steiler Flugbahn seine Achsenrichtung nicht, so wird es hinter dem

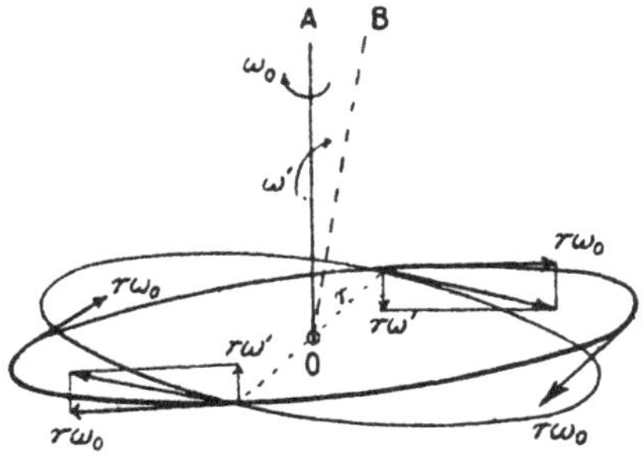

Abb. 54.
Seitenabweichung der Geschosse.

Scheitel beim Herabsinken mit dem Boden voran naturgemäß gegen die Bahntangente die umgekehrte Achsendrehung besitzen und demgemäß eine Linksabweichung annehmen, welche die Rechtsabweichung beim Aufstieg unter Umständen übertreffen kann, wie aus Versuchen von Cranz mit Holzmodellen und Beobachtungen Güldners[1]) an Minenwerfern hervorgeht.

§ 17.

Die Wirkung der Geschosse am Ziel.

Die Geschosse erreichen das Ziel am Ende der Flugbahn mit einer Geschwindigkeit, die zwar infolge der Überwindung des Luftwiderstandes nur noch einen Bruchteil der Mündungsgeschwindigkeit darstellt, meistens aber zum Durchdringen fester oder halbfester (plastischer) Körper von beträchtlichen Abmessungen genügt. Dies gilt insbesondere

[1]) Cranz, Lehrbuch der Ballistik, Bd. I, 2. Aufl. 1917, S. 383, sowie Güldner: Ballistisch-kritische Untersuchungen der durch den Drall bewirkten konstanten Seitenabweichungen der Wurfminen. Z. d. Vereins d. Ingenieure 1917, S. 665.

für Gewehrgeschosse sowie solche der Schiffsgeschütze, die ausnahmslos mit geringen Erhebungswinkeln abgefeuert flache Flugbahnen beschreiben und mit nahezu wagerechter Achse ihr Ziel treffen. Die Wirkung selbst hängt wesentlich von dessen physikalischer Beschaffenheit ab und ist bei großer Auftreffgeschwindigkeit äußerlich um so geringer, je näher der getroffene Körper dem Ideal eines starren kommt. So durchschlägt ein Infanteriegeschoß dünne Stahl- oder Glasplatten glatt unter Bildung eines Loches, dessen Durchmesser nur wenig den des Geschosses übertrifft, ohne die Platten als Ganzes zu bewegen oder merkliche sonstige Formänderungen an ihnen hervorzurufen. Ist der getroffene Körper, z. B. eine Panzerplatte, an der Oberfläche kräftig gehärtet, so zerspringt das weniger harte Geschoß häufig in eine große Anzahl von Stücken, die zumeist in der Plattenebene seitlich abgeschleudert werden, während die Platte an der Auftreffstelle nur eine schwache Einbeulung aufweist. Durch Aufsetzen einer Kappe aus weicherem Stahl oder Schmiedeisen auf das an und für sich harte Geschoß wird dessen Eindringen in gehärtete Panzerplatten bedeutend gefördert, wofür wir noch keine befriedigende Erklärung besitzen.

Sehr merkwürdig ist das Verhalten der Geschosse beim Eindringen in trockene Körper, deren Teile unter Überwindung von Reibung gegeneinander verschoben werden können. So gibt Cranz in seinem Werke die Versuche mit französischen Gewehrgeschossen vom Jahre 1900 wieder, die in steigender Entfernung abgefeuert wurden, also mit abnehmender Auftreffgeschwindigkeit das Ziel erreichten und die nachstehende Eindringungstiefe ergaben:

Entfernung m	Sand cm	Gartenerde cm	Tannenholz cm	Eichenholz cm
10	11	25	90	20
100	32	62	70	18
200	45	75	60	18
300	46	77	58	17
400	44	73	53	16
500	40	67	50	15

Daraus folgt, daß die Eindringungstiefe bei festen Körpern (Hölzern) einfach mit der Geschwindigkeit zunimmt, während sie in Körpern ohne merkbaren Zusammenhang (Sand und Erde) für eine bestimmte Auftreffgeschwindigkeit einen Höchstwert besitzt. Die letztere Erscheinung wurde durch Versuche von Wernicke (im ballistischen Laboratorium von Cranz) bestätigt und auch beim Schießen auf Buchenholz festgestellt, wobei ein Aufreißen des Stahlmantels des deutschen S-Geschosses und Herausquellen des Bleikernes eintrat, während das homogene französische Geschoß nur eine Stauchung erleiden konnte.

Der trockene Sand ist nach dem Einschießen heiß geworden, hat also einen beträchtlichen Teil der Geschoßenergie in Form von Wärme aufgenommen, während ein anderer Teil zur Formänderung des (hierbei nicht selten ganz zerstäubten) Geschosses dient.

Schießt man senkrecht in eine Flüssigkeit oder wirft man einen Stein hinein, so beobachtet man ein Aufspritzen; die Geschoßenergie hat sich also nach ihrer Übertragung auf die umgebende Flüssigkeit dort in eine Drucksteigerung nach unten umgesetzt, welche demnach die Aufwärtsbewegung der Flüssigkeitsteile hervorruft. Aus deren Steighöhe kann man auf die Druckerhöhung schließen, die in Übereinstimmung mit der Beobachtung nur mäßig ausfällt, wenn sich die Bewegung auf große Flüssigkeitsmassen erstreckt. Schießt man dagegen in eine von fester Hülle umgebene Flüssigkeitsmasse hinein, so werden rasch Drücke erreicht, welche die Hülle zu sprengen imstande sind. Ist m_0 die Geschoßmasse, m_1 die der eingeschlossenen Flüssigkeit, v_0 die Geschoßgeschwindigkeit, v_1 die der Flüssigkeit unmittelbar nach dem Eindringen des Geschosses, so folgt mit einem Beiwert $\zeta > 1$ wegen der Wärmeentwicklung

$$m_0 v_0^2 = \zeta m_1 v_1^2 \quad \ldots \ldots \ldots \quad (1)$$

und für die zugehörige Druckhöhe

$$v_1^2 = 2gh \quad \ldots \ldots \ldots \quad (2)$$

oder

$$h = \frac{m_0 v_0^2}{2 \zeta m_1 g} \quad \ldots \ldots \ldots \quad (3)$$

Schießt man demnach mit einem S-Geschoß von 10 g Gewicht und $v_0 = 900$ m/sk in eine Blechbüchse, die mit $m_1 g = 1$ kg Wasser gefüllt ist, so wird mit $\zeta = 2$, d. h. einem Wärmeverlust gleich der halben Geschoßenergie, h rd. 200 m entsprechend einer Drucksteigerung um 20 kg/qcm, durch welche die Blechhülle unfehlbar gesprengt würde.

Wenn derartige Wirkungen im trockenen Sand und in Erde nicht auftreten, so liegt dies an der starken Reibung der Teile gegeneinander, welche einen sehr hohen Wert des Faktors ζ bedingt. Wird dagegen der Sand oder noch besser eine Tonmasse angefeuchtet, so nimmt die Reibung rasch ab, und die Drucksteigerung ruft eine so kräftige Verschiebung der feuchten Tonmasse hervor, daß Höhlungen und Löcher vom Durchmesser des Vielfachen des Geschoßkalibers entstehen. Der immer noch kräftige Zusammenhang des Tones verhindert hierbei ein Fortschleudern der beiseite gedrängten Massen, die sich nach Feststellungen von Cranz. Abb. 55, häufig an der Ein- und Ausschußöffnung wulstartig anhäufen.

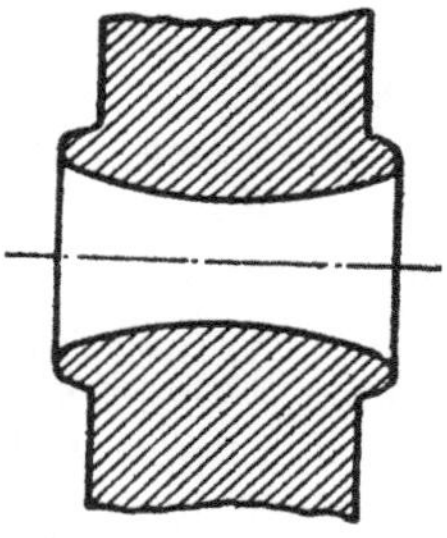

Abb. 55.
Schußöffnung in feuchter Tonplatte.

Ähnliche Erscheinungen treten naturgemäß auch an getroffenen Körperteilen auf; sie führen gelegentlich auf eine vollständige Sprengung des Schädels durch den Druck der Gehirnmasse sowie auf weite Ausschußöffnungen an Weichteilen mit unregelmäßig zerrissenen Wundrändern, die man oft als Wirkung sog. Dum-Dumgeschosse angesehen hat. Deren Formänderung beim Eindringen hat vielmehr starke Zerreißungen im Innern des Körpers zur Folge, ohne daß es zur Bildung einer Austrittsöffnung zu kommen braucht. Ebensowenig kommt hierfür die Rotation der Geschosse in Frage, deren Wucht, wie wir in § 1 gesehen haben, nur einen sehr kleinen Bruchteil des auf die Fortbewegung entfallenden Betrages ausmacht.

Im Falle eines schiefen Einschusses in die Oberfläche von Flüssigkeiten oder feuchten Massen kann natürlich keine symmetrische Druckverteilung um das Geschoß innerhalb dieser Körper erwartet werden. Der Druck wird vielmehr in der Richtung der Normalkomponente zur durchschossenen Oberfläche zunehmen, woraus im Innern ein Abdrängen des Geschosses nach der Oberfläche zu sich ergibt. Bei sehr kleinem Einschußwinkel α_1 gegen die Oberfläche (für Wasser $< 7^0$ nach Ramsauer »Der Ricochettschuß«, Dissertation,

Abb. 56.
Rückprall des Geschosses an einer Flüssigkeitsoberfläche.

Kiel 1903) wird das Geschoß wieder aus dem Körper herausgedrängt, und zwar unter einem Austrittswinkel $\alpha_2 < \alpha_1$, Abb. 56, wodurch das wiederholte Ein- und Austauchen (sog. Ricochettieren) flach gegen eine Wasseroberfläche geworfener Körper seine Erklärung findet.

Die bisher besprochenen Geschoßwirkungen beim Auftreffen auf Körper verschiedener Beschaffenheit sind durchaus hinreichend, lebende Einzelziele außer Gefecht zu setzen. Eine Ausdehnung dieser Wirkung auf eine Mehrheit derartiger Ziele wird alsdann durch eine rasche Aufeinanderfolge von Schüssen erreicht, die ihre Grenze in der Erhitzung der Gewehrläufe findet. Aus diesem Grunde müssen die Läufe der Maschinengewehre, in denen die Schnellfeuerwirkung auf 2- bis 300 Schüsse in der Minute gesteigert ist, durch Wasser gekühlt, außerdem aber noch immer Ersatzläufe bereitgehalten werden.

Will man gleichzeitig mehrere Ziele treffen, die sich neben- und hintereinander im Schußbereich befinden, so kann dies nur durch eine Vielheit von Geschossen geschehen, die am einfachsten in einer gemeinsamen Hülle das Rohr verlassen und nach Zerreißen dieser Hülle sich in gewünschter Weise zerstreuen. Diese Wirkung besitzen beispielsweise die Schrotpatronen der Jagdgewehre sowie die früher allgemeiner, heute seltener angewandten Kartätschen, d. h. im glatten Kanonenrohre verfeuerte, mit Blei oder Eisenkugeln gefüllte Blechbüchsen, die schon durch den Abschuß selbst zersprangen. Der Nachteil dieses Verfahrens liegt in der großen Verzögerung der Einzelkugeln durch den Luftwiderstand infolge ihrer relativ geringen Querschnittsbelastung, weshalb dieses Verfahren sich nur für kleine Schußweiten eignet (Abb. 57). Zur Überwindung größerer Schußweiten bedient man sich sog. Schrapnells, d. h. starkwandiger,

Abb. 57.
Kartätschenschuß.

gegen das Abfeuern widerstandsfähiger Hohlgeschosse, in denen eine große Zahl von Kugeln mit einer Sprengladung vereinigt ist, welche von einem einstellbaren Zeitzünder kurz vor dem Ziele zur Explosion gebracht wird. Die hierbei frei werdende Energie erteilt den Kugeln und Sprengstücken der Hülle recht erhebliche Relativgeschwindigkeiten in bezug

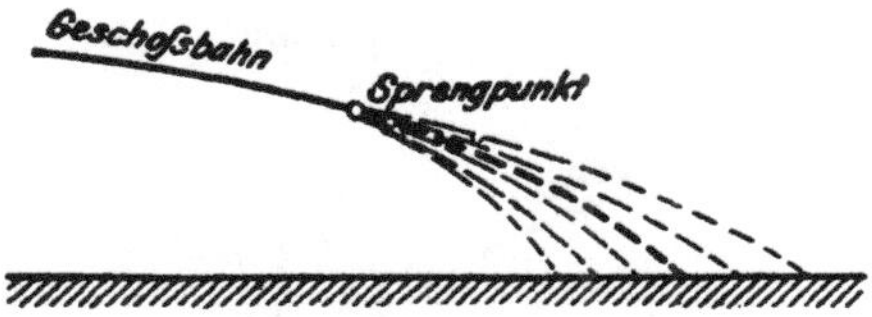

Abb. 58.
Schrapnellschuß.

auf den Gesamtschwerpunkt, die einen großen Teil des vorhergehenden Energieverlustes durch den Luftwiderstand ausgleicht und außerdem eine sehr wünschenswerte kegelförmige Streuung von oben ermöglicht (Abb. 58).

Handelt es sich um lebende Ziele hinter Deckungen oder auch um die Zerstörung fester Ziele von vorn oder oben, so reichen die bisher erwähnten Geschoßformen nicht aus. Man bedient sich für solche Zwecke der als Granaten bezeichneten, ziemlich dickwandigen, mit einer scharfen

Sprengladung gefüllten Hohlgeschosse, die mit Zeitzündern versehen über dem Ziel, bzw. mit Aufschlagzündern beim Auftreffen auf das Ziel oder nach dem Eindringen im Innern desselben zur Explosion gebracht werden (Abb. 59 u. 60).

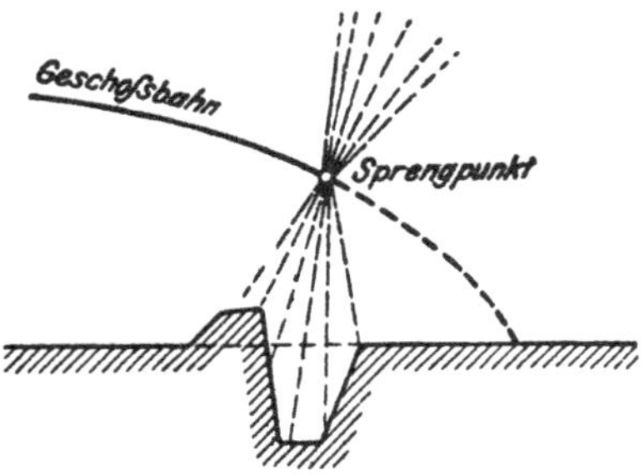

Abb. 59.
Granatschuß mit Zeitzündung.

Derartige Geschosse werden fast ausschließlich von der schweren Artillerie des Feldheeres sowie der Schiffe verfeuert, während für die leichten Feldkanonen und Haubitzen sowohl Granaten als auch Schrapnells in Frage kommen. Die hiermit ver-

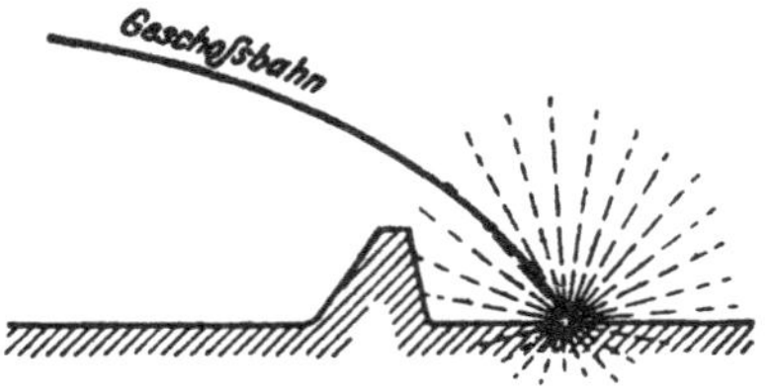

Abb. 60
Granatschuß mit Aufschlagzündung.

bundene Erschwerung des Munitionsersatzes legte die Herstellung eines sog. Einheitsgeschosses nahe, welches die Eigenschaften beider Geschoßarten vereinigt und je nach Einstellung des zugehörigen Doppelzünders als Schrapnell oder als Granate wirken kann. Die Lösung dieser wichtigen Aufgabe ist der deutschen Industrie gelungen; das Einheitsgeschoß besitzt im Gegensatz zu dem sonst ziemlich gleich gebauten Schrapnell einen kräftigen, mit besonderer Sprengladung versehenen Kopf, der nach der Sprengung der Hülle und dem Ausstreuen der Kugeln die eigentliche Geschoßbahn weiter

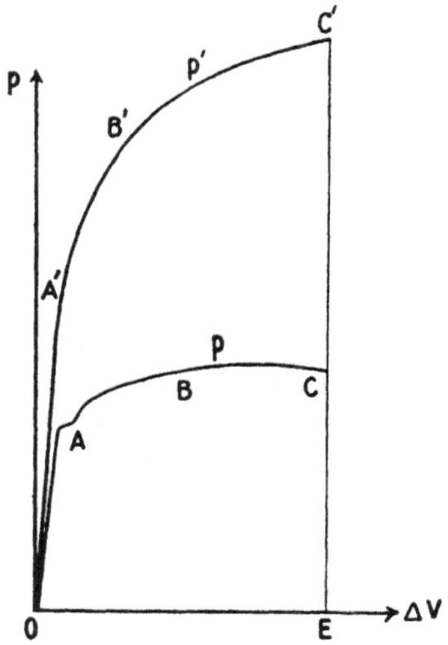

Abb. 61.

Druck-Volumenlinie bei der Sprengung eines Hohlgeschosses.

verfolgt und am Ziele für sich vermittelst des Aufschlagzünders explodiert.

Wichtiger noch als die Wirkung der Schrapnellkugeln und Granatsplitter auf lebende Ziele ist die Zerstörung von Befestigungsanlagen und Bauwerken. Zum Verständnis dieses Vorgangs müssen wir die Sprengung der Hohlgeschosse einer kurzen Betrachtung an Hand der Abb. 61 unterwerfen. In dieser ist zunächst die durch hydraulische Druckversuche ermittelte Linie $OABC$ der statischen Innendrücke p eines Hohlgeschosses in ihrer Abhängigkeit von der Volumänderung ΔV bis zur Sprengung dargestellt, welche dem bekannten Spannungs-Dehnungsdiagramm beim Zerreißen eines Stabes entspricht. Während dieser Volumvergrößerung des Geschoßhohlraumes erleidet die darin befindliche Sprengladung eine teilweise Verbrennung unter gleichzeitiger Gasentwicklung, welche ein Anwachsen des wirklichen Innendruckes p' nach der Linie $OA'B'C'$ zur Folge hat. Da die Inhalte der Flächen $OABCE$ und $OA'B'C'E$ Maße für die statische Sprengarbeit und die Pulverdruckarbeit bis zum Zerreißen darstellen, so muß der Überschuß der letzteren über die erstere als kinetische Energie der Sprengstücke erscheinen. Alsdann aber stoßen die entwickelten Pulvergase, ohne daß die Verbrennung vollendet zu sein braucht, mit einem durch die Ordinate EC' dargestellten Überdruck gegen die umgebende Luft und rufen in dieser eine Druckwelle hervor, deren Geschwindigkeit mit dem Überdruck selbst rasch wächst, jedenfalls ein Vielfaches der Schallgeschwindigkeit in der ungestörten Luft bildet. Der Stoß dieser Druckwelle[1]) ist es nun, welcher die oben erwähnten mehr oder weniger festen Ziele zerstört und auch die bekannten Granattrichter durch Emporschleudern von Erdmassen aufwühlt, während die Granatsplitter selbst nur ihrer Größe entsprechende örtliche Wirkungen hervorbringen.

§ 18.

Das Schallmeßverfahren.

Um die Stellung eines nicht unmittelbar sichtbaren Geschützes zum Zwecke seiner Bekämpfung festzustellen, bedient man sich der Schallwelle, die vom sog. Mündungsknall beim Rohraustritt des Geschosses hervorgerufen, sich — abgesehen von der Störung durch den Bodenwind — kugelförmig im Luftraume fortpflanzt. Dieser Mündungsknall ist zu unterscheiden von dem vom Geschosse selbst mit Überschallgeschwindigkeit als Kopfwelle mitgeführten Geschoßknall, der bei Unterschallgeschwindigkeit in der

1) Hierüber vergl. die schon in § 2 angezogene Abhandlung von Rüdenberg über die Fortpflanzungsgeschwindigkeit und Impulsstärke von Verdichtungsstößen; Artill. Monatshefte 1916.

Geschoßbahn wegfällt. Der Zeitunterschied beider, der sog. Knallabstand, wächst mit der Nähe des Beobachters an der Flugbahn und erreicht in dieser seinen Höchstwert. Er verringert sich stark in der Richtung senkrecht zur Flugbahnebene, insbesondere beim Steilfeuer. Der Mündungsknall eines fernen Geschützes G wird nun an drei Punkten $A_1\,A_2\,A$, die auf der Karte Abb. 61 eingetragen seien, zu verschiedenen Zeiten wahrgenommen, deren Unterschieden

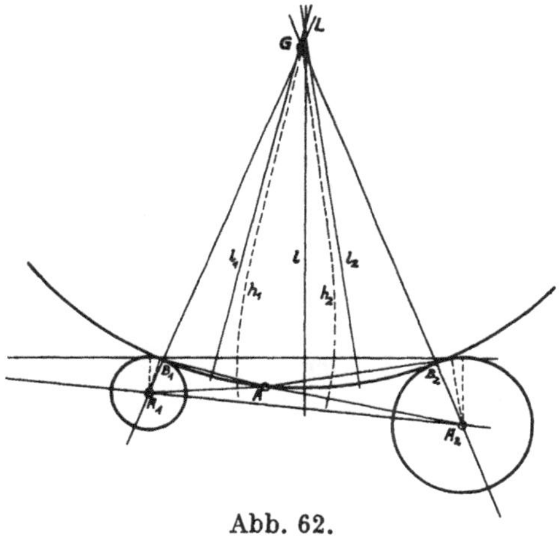

Abb. 62.
Näherungskonstruktion der Schallquelle.

t_1 mit t_2 gegen A mit der Schallgeschwindigkeit a die Strecken $a t_1$ mit $a t_2$ zugeordnet sind. Die von G ausgehende Schallwelle erreicht demnach die Schnittpunkte B_1 und B_2 eines Kreises um G durch A mit den Strahlen $G A_1$ und $G A_2$ gleichzeitig, wenn $A_1 B_1 = a\,t_1$ und $A_2 B_2 = a\,t_2$ ist. Schlägt man daher mit diesen Strecken als Halbmesser Kreise um A_1 und A_2, so ist der gesuchte Geschützort G der Mittelpunkt des diese beiden Kreise berührenden und durch A gehenden Kreises. Die seit Apollonius bekannte exakte Lösung dieser Berührungsaufgabe ist recht umständlich und zeitraubend und kommt daher für die feldmäßige Ermittlung des Ortes von G um so weniger in Betracht, als sie infolge zahlreicher Hilfslinien und Schnitte nur ein recht ungenaues Schlußergebnis liefert. Will man sich darum nicht mit einem rasch zum Ziele führenden Probieren begnügen, so braucht man sich nur der Tatsache zu erinnern, daß der geometrische Ort der Mittelpunkt eines Kreises der einen gegebenen z. B. um A_1 berührt und durch den Punkt A hindurchgeht, wegen der mit dem Halbmesser $A_1 B_1$ übereinstimmenden konstanten Fahrstrahldifferenz eine Hyperbel H_1 darstellt, deren eine Asymptote das Mittellot l_1 der Berührungstangente von A an den Kreis um A_1 ist. Andererseits ist auch der geometrische Ort der Mitte der Berührungskreise an zwei gegebene Kreise um A_1 und A_2 wegen der konstanten Fahrstrahldifferenz $A_2 B_2 — A_1 B_1$ eine Hyperbel mit einer Asymptote als Mittellot l der gemeinsamen Berührungstangente des Kreises A_1 und A_2. Wenn auch die Aufzeichnung zweier solcher Hyperbeln und die Gewinnung ihres Schnittes G leicht durchführbar erscheint, so genügt doch schon die Benutzung der bequem erhältlichen drei Asymptoten $l_1\, l_2\, l$, deren Schnitte untereinander ein kleines Fehlerdreieck L bilden, in dessen unmittelbarer Nähe der gesuchte Ort G liegen muß. Aus der Lage der in Abb. 61 gestrichelt angedeuteten Hyperbeln H_1 und H_2 gegen ihre Asymptoten l_1 und l_2 erkennt man weiter, daß G zwischen l_1 und l_2 den Beobachtungsstellen also etwas näher liegt, als die Asymptotenschnitte bzw. das Fehlerdreieck.

www.ingramcontent.com/pod-product-compliance
Lightning Source LLC
Chambersburg PA
CBHW031446180326
41458CB00002B/661
9783486774894